猫猫饭食教科书

王天飞 / 于卉泉 著

U0258218

人民邮电出版社

北 京

图书在版编目（CIP）数据

猫猫饭食教科书 / 王天飞，于卉泉著. -- 北京 ：
人民邮电出版社，2021.3
ISBN 978-7-115-55185-6

Ⅰ．①猫… Ⅱ．①王… ②于… Ⅲ．①猫—饲养管理
Ⅳ．①S829.3

中国版本图书馆CIP数据核字(2020)第211524号

内 容 提 要

　　亲自给猫做饭，为猫提供科学合理的饭食，不只是对猫的情感表达，也是保证猫身体健康的有效方法。如果你一直认为给猫做饭很麻烦，也不知从何入手，不妨打开本书看看。

　　本书由知名宠物营养学专家撰写。第1章主要介绍猫的饮食基础营养知识。第2章介绍给猫制作饭食时经常用到的食材，这些食材在菜市场里很容易买到，选择起来非常方便。第3章介绍给猫做饭时用到的烹饪工具和烹饪方法。已经有给猫做饭的经验的读者，可以直接阅读第4章，从本章开始，是根据猫的不同特点、阶段和一些特殊状态下的营养需要设计的食谱，读者可以根据需要选择食谱进行烹饪。

　　科学喂养并不像我们想象的那么复杂，只要用心爱猫猫，即使是没有烹饪基础的养猫人，也能轻松掌握本书中的懒人食谱。根据书中的每一个食谱内容，准备好食材，开心地给猫做饭吧。

◆　著　　　　　王天飞　于卉泉

　　责任编辑　魏夏莹

　　责任印制　周昇亮

◆　人民邮电出版社出版发行　　北京市丰台区成寿寺路 11 号

　　邮编　100164　　电子邮件　315@ptpress.com.cn

　　网址　https://www.ptpress.com.cn

　　北京捷迅佳彩印刷有限公司印刷

◆　开本：787×1092　1/20

　　印张：8　　　　　　　　　　　2021 年 3 月第 1 版

　　字数：202 千字　　　　　　　2025 年 4 月北京第 12 次印刷

定价：59.80 元

读者服务热线：(010)81055296　印装质量热线：(010)81055316
反盗版热线：(010)81055315

　　喜爱猫的人越来越多，喜欢给猫做饭的养猫人也越来越多。

　　作为对猫的情感表达，给自己家的猫做一顿饭，可能是很多养猫人心心念念的事情。哪怕就做那么一次，也要给猫一份安全、卫生、科学、营养的饭食。

　　符合宠物营养学，并经过专业宠物营养师设计的《猫猫饭食教科书》在这里和大家见面了。本书里的所有食谱、饭食都出自专业的宠物营养师、专业的宠物营养美食教学导师之手，每一份饭食食谱都经过了专业设计、专业宠物营养计算、甄选食材、精细烹饪等一系列步骤。虽然书中的饭食不能完全代替猫粮，但是用新鲜食材做出的饭食可以成为猫喜爱的佳肴。

　　本书给那些喜欢给猫做饭的读者提供了一些科学、营养、安全的食谱，且这些饭食容易烹饪，关键是猫还非常喜欢，何乐而不为？

　　为猫制作饭食，是一份兴趣、一份对猫的爱，也是一门技术、一门学科，同时更是一份责任。在制作猫猫饭食的过程中，有开心，有激动，但更要有客观、严谨的宠物猫营养知识。

　　无论是因为想让猫吃到真材实料，还是期望饭食中含有更少的添加剂，抑或是单纯想为猫做一顿饭，让它们也和我们一样享受到世间的美味佳肴……都应该熟知猫猫饭食营养知识。

目录

第1章

猫的饮食基础
营养知识

1. 猫的饮食习惯

　　猫可爱的形象深受人们的喜爱，饲养宠物猫的人越来越多，但一些养猫人对猫的饮食习惯不甚了解。我们该给猫喂什么好呢？喂多少呢？怎么喂呢？这些问题时常困惑着养猫人。

　　狗和人是杂食动物，可以从肉类和植物中获取营养；而猫是纯肉食动物，主要从肉类食物中获取所需的营养。猫的体内分解和代谢食物的方式不适合消化淀粉类和糖类。给猫吃的食物中，如果含有较多的植物类食物，较少或没有肉类食物，猫就会出现营养缺乏、不均衡等问题，有害于猫的身体健康。

　　口腔的结构决定了猫的饮食方式。猫共有30颗牙齿，大多数牙齿是尖的，上下不对称，可以撕碎食物。它们的上下颚不能像人一样咀嚼食物，口腔中也缺乏唾液淀粉酶，不能消化食物中的淀粉。

　　肠道长度与体长之比决定了肠道的长度，猫的肠道明显短于杂食动物和草食动物。肠道短更有利于猫代谢肉类，在肉腐坏之前就可将其消化吸收。猫肠道中双糖酶的活性比较低，对淀粉和膳食纤维的代谢效果不是很理想。

　　猫吃东西没有固定的规律，它们在白天和夜间都有吃东西的习惯，通常一天能吃12~20次。在猫的喂养中，食物的组成和适口性都很重要。猫对食物的气味、口感和形态都很敏感。在给猫换新食物时需要注意，猫喜欢动物脂肪、肉提取物和某些特定氨基酸的味道。猫一般喜欢固态、潮湿的食物，不喜欢粉状、黏稠或非常油腻的食物，不喜欢糖的味道，同时它们对苦味也很敏感。但是也有些猫对哈密瓜、南瓜、香蕉、黄瓜、菠菜等食物感兴趣。

2. 猫饮食所需求的基本营养元素

　　随着我们对猫饮食和健康之间的关系的认识不断加深，可供猫食用的食物种类不断扩大，选择食物的种类尤为重要。猫体内所必需的 6 种营养元素分别是水、蛋白质、脂肪、碳水化合物、维生素、矿物质。本书中的表格根据正常猫维持健康所需的营养元素量提供每日建议营养元素摄取量。每只猫的营养需求将取决于它的品种、大小、生命阶段和其他因素，以及其他因素。更好地了解猫如何利用食物中的各种营养成分，以及它们需要多少营养成分，可以帮助你为你的宠物选择健康的饮食。

水

宠物猫是野生沙漠猫进化而来的，它们身体组织约含 67％的水，每天需要喝大量的新鲜水，因此家中最好备一台猫专用的自动饮水机，或者经常给猫更换新鲜的饮水。猫的饮水量与食物的形态和生活环境有关。猫长期饮水量不足会导致疾病的发生，可能会出现下尿路疾病、肾脏疾病、继发性膀胱炎等。

蛋白质

蛋白质是机体组织和器官的重要组成部分。蛋白质在体内以氨基酸的形式被吸收后，重新合成机体所需蛋白质，同时新的蛋白质又在不断代谢与分解，时刻处于动态平衡中。

猫体内所需的有 11 种必需氨基酸，这些氨基酸在猫体内是不能合成的。必需氨基酸的缺乏会导致严重的健康问题。例如，精氨酸对将氨通过尿液排出体外至关重要。如果饮食中没有足够的精氨酸，猫的血液中可能会产生有毒的氨。牛磺酸对猫来说是一种必不可少的氨基酸，猫缺乏牛磺酸会导致一系列代谢和临床问题，包括猫的中央视网膜退化、失明、耳聋、心肌病与心力衰竭、免疫反应不足，以及幼猫生长不良、生殖功能衰竭和先天性缺陷等。

植物中蛋白质的含量很低，肉类产品中含有丰富的蛋白质。猫作为肉食动物，虽然可以吃一些植物类食物，但大部分蛋白质来源于鱼和其他动物产品，因为对于猫科动物来说，动物蛋白比植物蛋白更容易消化，更有利于猫肠胃的吸收。

脂肪

脂肪是由甘油和脂肪酸组成的，是提供猫营养和功能需求的高能化合物，在重量一样的情况下，每克脂肪所含的能量是蛋白质和碳水化合物的两倍多。脂肪可以提供猫体内不能合成的必需脂肪酸，也是脂溶性维生素的载体。此外，脂肪也会增强食物的味道和口感，让猫更有食欲。

必需脂肪酸是保持猫的皮肤和毛发健康所必需的营养物质。猫必需的脂肪酸有亚油酸、亚麻酸、花生四烯酸、二十碳五烯酸（EPA）、二十二碳六烯酸（DHA）等。脂肪缺乏会导致猫皮肤干燥，容易得皮肤病，还会引起生殖障碍、糖尿病、胰腺炎等疾病。

脂肪含量较多的食物有鱼油、动物油、植物油、鱼类等。

碳水化合物

虽然在猫的饭食中碳水化合物不是必需的，但它可以为猫提供丰富的能量，维持机体的正常运行。因为猫是肉食动物，肠道的长度限制了它们体内纤维发酵的能力，而纤维存在于许多碳水化合物中，且成年猫肝脏中葡萄糖激酶和果糖激酶活性很低，代谢大量碳水化合物的能力有限，所以猫不能食用过多的碳水化合物类食物。

猫食入大量的碳水化合物就会出现消化不良的迹象，如腹泻、胀气和呕吐等；也可能出现代谢不良现象，如血糖高和尿液中有大量葡萄糖等。

碳水化合物含量高的食物有谷物、水果、蔬菜等。

维生素

维生素虽然参与体内能量的代谢，但本身并不含有能量，所以补充维生素不会导致所谓的营养过剩，也不会引起肥胖。维生素是维护猫正常生理功能必需的营养元素，不能在猫体内合成，必须从食物中摄取。猫每日所需维生素量不多，一般不会出现缺乏现象。如果猫出现食物摄入量不足、体内吸收障碍、生理需要量增加等问题而致维生素缺乏，则会导致体内酶的缺乏、代谢紊乱、生长繁殖能力下降、抵抗力减弱，从而引发多种疾病。

猫不能将 β - 胡萝卜素转化为维生素 A，所以食物中必须提供维生素 A。猫通过晒太阳获取的所需维生素 D 的量微乎其微，必须通过食物获得。

维生素种类及功能见表 1-1。

表 1-1 猫所需维生素的功能，以及缺乏和过量时的临床症状概述

维生素	功能	缺乏时的临床症状	过量时的临床症状
维生素 A	视蛋白（视紫红质，碘皮素）的组成，影响上皮细胞的分化、精子的产生、免疫功能、骨吸收	厌食，发育迟缓，皮毛不良，虚弱，干眼症，脑脊液压力增加	颈椎病，牙齿脱落，发育迟缓，厌食症，红斑，长骨骨折
维生素 D	影响钙磷稳态、骨矿化、骨吸收、胰岛素合成、免疫功能	佝偻病，软骨结合部扩大，骨软化，骨质疏松	高钙血症，钙沉着，厌食症，跛行
维生素 E	生物抗氧化剂，影响清除自由基的膜完整性	不育，脂肪炎，皮肤病，免疫缺陷，厌食症，肌病	与脂溶性维生素产生拮抗作用，增加凝血时间（维生素 K 逆转）
维生素 K	影响凝血蛋白 II、VII、IX、X 等蛋白的羧化，是骨钙素的辅助因子	凝血时间延长，低凝血酶原血症，出血	毒性低

维生素	功能	缺乏时的临床症状	过量时的临床症状
维生素 B₁	硫胺素焦磷酸的组分,是 TCA 循环中的脱木酚酶反应中的辅因子,影响神经系统	厌食症,体重减轻,共济失调,多神经炎,腹屈,心率变慢	血压下降,心动过缓,呼吸性心律失常
维生素 B₂	腺嘌呤黄素和黄素单核苷酸辅酶的成分,影响氧化酶和脱氢酶中的电子传递	发育迟缓,共济失调,皮炎、脓性眼分泌物,呕吐,结膜炎,昏迷,角膜血管形成,心率变慢,脂肪肝	毒性低
烟酸	对酶促反应、氧化还原反应和非氧化还原反应非常重要	厌食,腹泻,发育迟缓,红疮舌,唇炎,无控制流涎	毒性低,粪便带血,抽搐
维生素 B₆	氨基酸反应中的辅酶,影响神经递质合成、色氨酸合成、烟酸合成、血红素合成、牛磺酸合成、肉碱合成	厌食症,发育迟缓,体重减轻,肾小管萎缩,草酸钙蛋白尿	毒性低
维生素 B₅	影响辅酶 A 前体、蛋白质、脂肪和碳水化合物在 TCA 循环中的代谢,胆固醇合成,甘油三酯合成	消瘦,脂肪肝,生长抑制,血清胆固醇和总脂含量降低,心率加快,昏迷,抗体应答降低	无毒副作用
叶酸	影响同型半胱氨酸合成,甲硫氨酸、嘌呤合成,DNA 合成	舌炎,白细胞减少,低色素性贫血,血浆铁升高,巨幼细胞贫血	无毒副作用
生物素	4 种壳聚糖酶的成分	角化过度症,脱毛,眼睛周围出现干分泌物,高脂,厌食,拉血便	无毒副作用
维生素 B₁₂	辅酶,辅助四氢叶酸合成甲硫氨酸的酶,影响亮氨酸的合成 / 降解	抑制生长发育,甲基丙二酸尿症,贫血	血管条件反射减少和无条件反射增多
维生素 C	羟化酶的辅助因子,影响胶原蛋白质、左旋肉碱的合成,增强铁的吸收,清除自由基,具有抗氧化剂 / 助氧化剂的功能	肝脏中可以合成,除了饮食需求外,正常猫和狗没有发现缺乏的迹象	无毒副作用
胆碱	在膜、神经递质乙酰胆碱、甲基供体中发现的磷脂酰胆碱成分	凝血酶原次数增加,胸腺萎缩,生长变慢,厌食症,肝小叶周浸润	没有关于猫的论证
左旋肉碱	将脂肪酸转运到线粒体中,用于 β - 氧化	高脂血症、心肌病、肌肉无力	没有关于猫的论证

矿物质

  已知有 13 种矿物质是猫的必需营养元素。钙和磷对强壮骨骼和牙齿至关重要。猫需要其他矿物质(如镁、钾和钠)来传递神经冲动和细胞信号。许多矿物质,包括硒、铜和钼,属于微量元素,在各种酶反应中起辅助作用。某些矿物质的需求可能会随着猫的年龄而改变。猫在饮食中摄入矿物质的量过多或过少都可能会产生疾病。

  几种重要的矿物质及其功能见表 1-2。

表 1-2 猫所需的几种重要矿物质的功能，以及缺乏和过量时的影响

矿物质	功能	缺乏时的影响	过量时的影响
钙	骨齿成分，影响凝血、肌肉功能、神经传导、膜通透性	生长受阻，食欲下降，跛行，自发性骨折，牙齿松动，抽搐，佝偻病	表观消化率下降，骨密度上升、跛行、对镁的需求增加
磷	骨骼结构，DNA 和 RNA 结构，影响能量代谢、运动、酸碱平衡	食欲不振，异食癖，生长受阻，毛发粗乱，生育能力降低，自发性骨折，佝偻病	溶血性贫血，运动障碍，代谢性酸中毒，骨密度减少，体重减轻，食欲下降，软组织钙化，继发性甲状旁腺功能亢进
钾	影响肌肉收缩、神经冲动传递、酸碱平衡、渗透压平衡，是酶辅助因子	缺氧、生长受阻、嗜睡、低钾血症、心肾病变、脱毛	轻微瘫痪，心率加快（比较少见）
钠	维持渗透压和酸碱平衡，影响神经冲动传递、营养吸收、水代谢	无法维持水分平衡，生长受阻，厌食，疲劳，脱毛	口渴，瘙痒，便秘，癫痫（只有当没有足够的优质水可用时才会发生）
镁	骨和细胞内液体的成分，影响神经肌肉传递，是几种酶、碳水化合物和脂质代谢的活性成分	肌肉无力，抽搐，厌食症，呕吐，骨密度降低，体重下降，主动脉钙化	尿毒症，弛缓性麻痹
铁	酶的成分，影响氧化酶和加氧酶的活化，以及血红蛋白、肌红蛋白的转运	贫血，被毛粗乱，皮肤干燥，精神状况不佳，生长受阻	厌食症，体重减轻，血清白蛋白浓度下降，肝功能异常，铁血黄素沉着症
锌	影响核酸代谢、蛋白质合成、碳水化合物代谢，影响皮肤和伤口愈合、免疫反应、胎儿生长、发育速度	厌食症，生长受阻，脱毛，角化，生殖受损，呕吐，结膜炎	相对无毒
铜	血红蛋白形成的催化剂，影响心脏功能、细胞呼吸、结缔组织发育、色素沉着、骨形成、髓鞘形成	贫血，生长发育受阻，骨损伤，神经肌肉紊乱，生殖功能衰竭	肝炎，肝酶活性增加
锰	影响脂质和碳水化合物代谢、骨发育、生殖、细胞膜完整性	生殖受损，脂肪肝，"O"型腿，生长受阻	相对无毒
硒	抗氧化，增强免疫功能	肌肉营养不良，生殖系统衰竭，摄取减少，皮下水肿	呕吐，痉挛，步态错位，流涎，食欲减退，呼吸困难，口臭，指甲脱落
碘	甲状腺素和三碘甲状腺原氨酸的组成	被毛粗乱，皮肤干燥，甲状腺肿大，脱毛，精神状态差，黏液水肿，嗜睡	食欲减退，脱毛，精神状态差，被毛粗乱，皮肤干燥，免疫力下降，体重增加，甲状腺肿大，发烧
硼	调节甲状旁腺激素，影响钙、磷、镁和胆钙化醇的代谢	抑制生长，红细胞体积变小，血红蛋白和碱性磷酸酶值降低	类似于缺乏硼时引起的症状
铬	增强胰岛素作用，从而提高葡萄糖耐受性	猫对动物葡萄糖耐受下降，高血糖，生长缓慢，繁殖力下降	导致慢性中毒，少数急性中毒铬的代谢物主要从肾排出，少量经粪便排出。侵害上呼吸道，引起支气管炎

3. 猫的几个特殊阶段需要注意的饮食方案

哺乳期小猫 --

哺乳期小猫最重要的是护理，它们主要靠猫母乳提供营养。初乳对于小猫来说营养价值是最高的，还可以最大限度地提高小猫的免疫力。小猫必须在出生后12小时内获得初乳或者母乳，否则免疫力会降低，增加发病率。如果刚出生的小猫吃不到母乳，可以用奶瓶、针筒、饲喂管等进行人工喂奶。哺乳期小猫每天摄入的食物量大概是180毫升／千克体重，遵循少食多餐的原则，每天至少要喂4次，非常瘦弱的小猫最好每2~4小时喂一次。在小猫出生20天以后可以逐渐开始喂一些鱼汤、羊奶等。

生长期幼猫 --

幼猫生长期是小猫从断奶（5～6周）到成年（10~12个月）这一阶段。这个阶段的小猫身体正处于快速发育阶段，应该让它们自由采食，并且保证充足的食物摄入，可以偶尔额外添加一些肉食以增加它们的食欲。如果营养不足，生长速度就会减慢，因此，用生长速度作为营养指标最容易确定生长期小猫的营养需求。生长期小猫的食物基本不需要碳水化合物，过量摄入不易消化的碳水化合物可能导致腹胀、胀气和腹泻。这些现象常出现在断奶后提供大量奶制品的小猫身上，乳糖水平过高和肠道乳糖酶不足都会导致碳水化合物超过小猫的耐受范围。

怀孕母猫 --

母猫的怀孕时间为63~66天，怀孕期间母猫除了要满足自身的营养需求以外，还要给胎儿提供所需的营养，因此需要提高母猫的营养水平，但是也不能添加过量。母猫在繁殖之前应该打疫苗、进行体内外驱虫，还应进行病史和体格检查，以评估可能影响受孕、分娩和哺乳的问题。母猫在交配时应处于理想体重，体重明显过低或超重的猫不该配种。肥胖和营养不良都会损害猫的生殖能力，营养不良的母猫可能无法怀孕、流产或产出弱小的猫，只有健康状况良好的猫才应该考虑繁殖。

哺乳期母猫 --

母猫在产完小猫后，体力消耗会很大，应根据母猫的情况为其补充高能量、高营养的食物。母乳是小猫出生后最重要的营养来源，也是小猫生存的基础保障，因此需要提高哺乳期母猫的营养，使小猫吃到足够的母乳，以增强小猫的免疫力。

老年猫--

　　猫一般在 8~9 岁就开始进入老年期，随着年龄的增长，身体各机能开始衰退，机体免疫力逐渐降低，各种疾病的发生率开始增加。为了能让猫保持健康的身体、最大限度地延长寿命，该阶段的营养管理与预防保健很重要。对于老年猫，饮水是很重要的，因为慢性肾脏疾病在这个年龄段很常见。此时应避免猫摄入过量的磷、蛋白质、钠和氯化物，这样可以预防肾脏疾病和高血压的发生。

　　老年猫的嗅觉和味觉不是那么灵敏，最好喂含肉量大的湿粮或者鲜食来增加它们的食欲，也可以在干粮中加入肉汤或罐头，增加老年猫的摄食量和饮水量。老年猫的适应能力会变差，抗应激能力比较差，食物的变化会对猫产生影响，所以没有特殊情况尽量不要更换食物。

4. 制作猫猫饭食的原则 🐾

　　现在随处都可以看到各种各样的猫猫饭食食谱。制作这些饭食并不简单，食谱中的营养成分配比需要制作人具有一定的宠物营养知识和良好的配方技巧，以及最新的食材数据库。原材料应根据其营养含量、耐受性、可食用性和成本进行选择。选择自制饭食，可以跟自家的猫进行互动，增进感情。那么自制猫猫饭食的原则有哪些呢？

　　①饭食营养要全面。在选取的食材中必须有以下五大营养元素来源。

　　蛋白质来源。可以选择多个蛋白质来源，但给猫的食谱中应含有 50% 以上的肉类。

　　脂肪来源。当蛋白质来源为"瘦肉"时，其他的动物脂肪应至少占配方的 5%~8%，以确保足够的能量密度和必需脂肪酸。

　　碳水化合物来源。建议在猫的饭食中，碳水化合物占比尽可能低，满足猫饭食的低碳水化合物要求即可。

　　矿物质来源。矿物质，尤其是钙、磷的含量，必须满足猫的需求。

　　维生素和其他营养元素来源。饭食里必须有猫所需求的特定营养元素，如牛磺酸、精氨酸、卵磷脂、花生四烯酸、左旋肉碱和胆碱等。

　　②饭食一定要新鲜。原材料必须新鲜、安全、可食用，不能用变质的食材，变质的肉中含有大量的霉菌、细菌和病毒，猫吃下去会出现中毒、腹泻及呕吐等症状。

　　③制作好的饭食的存放方式要妥当。自制饭食的水分含量较高，且没有防腐的措施，在室温下静置几

个小时后极易受到细菌和真菌污染。养猫人必须每天检查食物颜色和气味的变化，这些变化可能表明食物变质。猫吃剩下的食物可以放到冰箱中冷藏起来，温度控制在 0~4℃，并在 48 小时内食用完。

④注意猫的过敏性食物的添加。猫对一些食物很容易产生过敏反应，不同的猫的过敏性食物各不相同，要因猫而异。一个典型的过敏例子是猫的乳糖不耐症，这是随着猫年龄的增长，分解乳糖的酶发生损失所导致的。

⑤添加水果和蔬菜的原则。水果和蔬菜中富含黄酮、多酚和花青素等成分，这些成分具有抗氧化作用，是天然的抗氧化剂，将水果和蔬菜添加到饮食中对于猫来说是有益的。然而不宜过度添加，控制在 3%~5% 即可。

⑥要科学计算猫猫饭食的营养成分，根据猫的不同年龄阶段、不同品种、不同身体状况选择合适的营养方案，在称量原材料时准确度要高。

5. 猫健康体型的几个标准 🐾

观察猫的体型变化可以更好地判断猫的健康情况，一般通过眼观、手摸和测量体重来评估猫的身体状况。详细图解如下。

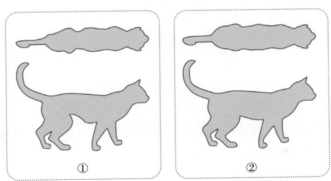

①　　　　　　②

体型过瘦 ---

①肋骨和腰椎很容易被摸到，几乎没有脂肪覆盖。骨头突起，养猫人很容易感觉到，几乎没有脂肪覆盖。从侧面看腹部严重凹陷，从上面看则有突出的凹陷。

②肋骨和腰椎容易被摸到，有少量脂肪覆盖。骨头突起，养猫人很容易感觉到，上面覆盖的脂肪很少。从侧面看腹部有完整的弧形，从上面看有明显的凹陷。

理想体型 -

③肋骨能被摸到，有一层薄薄的脂肪覆盖。在少量脂肪覆盖下，很容易感觉到骨头突起。从侧面看腹部稍微凹陷，没有腹部脂肪垫。从上面看腰部匀称。

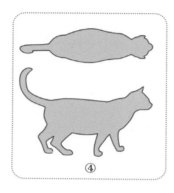

体型过胖 -

④肋骨很难被摸到，有适度的脂肪覆盖。骨结构仍可触摸到，骨头突起，被一层中等厚度的脂肪覆盖。从侧面看可见腰身与腹部脂肪垫，但不明显，腹部无凹陷。从上面看，背面稍微变宽了。

⑤肋骨在厚厚的脂肪覆盖下很难被摸到。骨头突起，被一层较厚的脂肪覆盖。从侧面看不到腰部，有下垂的腹部隆起，这是大量的脂肪堆积造成的，可见明显的腹部脂肪垫。从上面看，背面明显变宽了。

6.猫猫鲜食的优点和缺点

（1）优点

营养价值高：加工食材过程中，很好地保留了新鲜食材原有的色、香、味、形，还能增加食材中的维生素、氨基酸等营养成分，以及叶绿素、生物酶等风味物质。

良好的适口性：加热的过程中，食材中的蛋白质和糖类会产生美拉德反应，这种反应可以产生许多的天然诱食剂，使食物更讨猫喜欢。

水分含量大：猫的干粮中水分含量大概在6%~14%，鲜食的水分高达60%，可以给猫补充大量的水分。

饮食搭配方便：可以根据猫的喜好、年龄、身体状况等选择不同的饮食方案，选择性比较强。

提高食物消化率：蒸煮可以提高碳水化合物的消化率，也会破坏可能存在的抗营养因子。

可以增加与猫的互动：养猫人在制作猫猫饭食的过程中，可以更好地了解猫喜欢什么类型的食物；可以做一餐可口的饭食作为给猫的奖励，增进与猫之间的感情。

（2）缺点

时间问题：保质期短，准备食材以及制作的过程都需要花费时间，一般在养猫人比较忙的时候会没有时间制作。

饮食方案选择问题：根据自家猫的具体状况选择饮食方案需要一定的专业知识，盲目选择可能会存在一定的隐患，建议咨询一下宠物医生或者宠物营养师。

食材的安全性：商业宠物食品都会做适口性测试、消化试验和粪便质量测试等，有助于更好地测试食品的安全性和适口性；自制饭食无法进行类似的喂养试验，非专业人士不能保证食材的安全性，需要一定的专业知识。

制作的严谨性：需要根据猫的品种、生长阶段、体重、生理状况等为猫制作营养方案，如果不严格遵循食谱，则宠物会有缺乏营养的风险。

7. 为什么强调猫饭食谱的科学性

在宠物医院中经常可以见到一些猫因为长期吃单一的食物，导致营养缺乏或过量不按照猫的营养需求喂食，导致肥胖或消瘦，对猫不能吃的食物不了解，也可能导致猫食物过敏。给猫做的饭食不能根据自己的喜好选择食材，要根据专业的知识分析食物的可食用性、科学的软件测算食物的营养成分，也可以咨询宠物医生或者宠物营养师，为自家猫搭配合理的饮食。

自制饭食中矿物质和维生素的平衡很难把控，常见的肉类和碳水化合物来源所含有的磷比钙多，因此自制饭食的钙磷比可能高达 1:10。部分猫纯肉饭食中，因为高磷低钙导致营养比例失衡，这会远远超过猫对蛋白质和磷的需求。有的养猫人设计的猫饭食配方可能缺乏脂肪和能量密度。

有一些养猫人可能会按照人的营养标准给猫做饭食，如不能出现过多的脂肪、胆固醇和钠，这种做法会导致猫营养不均衡。也会有人可能想既然食材少了不行，那就多加点，除了猫不能吃的几样食物，其他的基本样样都有，但这样做既浪费食材，又不能合理搭配营养，还有可能给猫的健康带来不良的影响。

没有万能的食谱，也没有一成不变的食材，只有根据每只猫的自身状况，按照科学的营养成分计算合理搭配食材，遵循专业的宠物营养指导，才能更好地制作属于你家猫的专属饭食。猫吃得健康、玩得开心、少生病，就是作为"猫奴"的我们能给它们最大的幸福。

8. 怎样用科学计算软件来测算食谱

　　猫猫饭食的制作不是简单的食物组合，而是根据宠物不同的生理阶段、不同状况的机体状况、不同的营养需求而设计的一种有着科学比例的营养搭配。如蛋白质、脂肪、碳水化合物在总能量中所占的供能比是有一定标准的，维生素是否满足生理需要，矿物质中钙和磷的比例是否合理等都特别重要。很多养猫人为猫辛辛苦苦地准备了自制的"美食"，却忽视了营养配方的合理性，结果好心办了坏事，导致宠物营养不良，这种事情在日常生活中经常发生。

　　那么，对于一位关心宠物健康的养猫人而言，如何才能科学、合理地搭配食物呢？这时，养猫人手上如果有一款猫专用的"饭食营养分析"工具，那么一切问题都可以迎刃而解。

　　在这里介绍一款由中国宠物营养专家设计研制的"猫猫饭食营养分析辅助系统"，它能帮助大家解决食谱的营养计算和食物合理搭配的问题。

（1）程序安装

　　双击安装程序图标 ，按照操作指引依次进行，完成正常安装。需要注意的是，尽量不要将软件安装在电脑的系统盘，以防止 Windows 操作系统的保护程序启动。安装示意图如下。

图一　工具软件外观

图二　程序安装执行

（2）操作运行

安装成功后，双击桌面图标 ，启动程序。

这款软件界面为卡通风格，创意设计的灵感来自猫猫的优美体型和灵巧好动的特点。软件主要由"食物数据库""功能配餐选项""食材和自制餐食导出""分析数据查询""营养标签打印"几个模块构成。

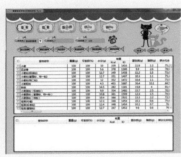

图三　软件基础界面

食物数据库汇集了目前《中国食物成分表2002/2004/2009/2018》的主要食材数据，可以说是目前国内最权威的食物数据库之一。

图四　中国食物成分表（部分数据库截图）

养猫人可以将分析结果设定为多种类型和格式的数据导出，分析的营养素内容多达 29 种。

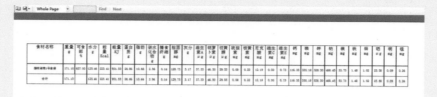

图五　数据列表

有些养猫人可能会选择干、湿饭食混合的饲喂模式，为此，软件开发人员还专门设计了一个"自定义数据库"模块。养猫人可以参考宠物食品厂商公布的市售食品营养成分分析保证值，将其预先录入自定义数据库中，配餐时可直接调用相关品牌的猫粮，再输入实际喂食的重量，则数据链条可以自行联动计算。

图六　自定义数据库

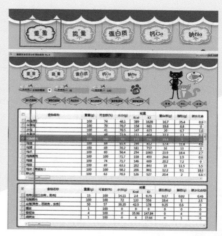

图七　录入配料明细

（3）举例说明

下面用一个具体案例来说明如何利用营养计算软件进行食谱分析。

食谱名称：有助于治疗猫的慢性肾病的食谱。

食谱食材：海带汤 200ml（其中浸水海带约 15g）、鸡胸肉 100g、黑鱼 50g、蛋壳粉 2g、食盐 1g、鱼油 4g、亚麻籽油 1g。

①打开软件后，单击【重量】按钮，逐个录入配料表中的食材内容和重量。

②将数据汇总后，单击【导出自制餐食】按钮，自定义饭食名称为"猫肾病1号食谱"。

③单击【查看】按钮，可以看到食谱的"四个科目的营养素分析数据"，对比"喵星人每天需要的热量和最多食品量"及"必需脂肪酸和钙磷摄入推荐比例"，进一步调整食材配料的种类和重量。

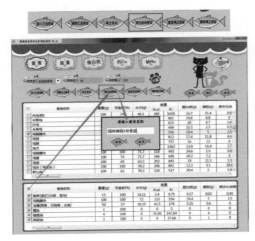

图八　导出自制餐食

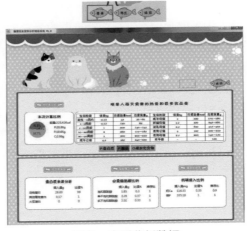

图九　查看分析数据

④计算完毕后，单击【导出】按钮，设定需要标示的营养元素内容，导出数据列表或营养标签。（有 A4 格式的 Excel 数据表格，也有各种规格的营养标签备用选项。）

⑤营养分析说明。

结果分析1：食谱的总能量是 223.41kcal（热量国际单位为焦耳，1kcal ≈ 4186J），按照猫通常的供给能量为每千克体重不低于 60kcal/kg/d 代谢能（ME）计算，体重为 3~4 千克的猫每日的能量需求应为 180~240kcal，由此得出，食谱的能量设计是合理的。

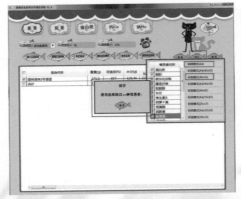

图十　数据导出

图十一　能量分析

结果分析 2：食谱的蛋白质含量为 28.86 g，且绝大部分为优质蛋白（蛋白来源显示动物蛋白比例高达 99%），符合猫的生理需要；28.86 g 蛋白质提供的热量为 115kcal，相对总能 223.41kcal 而言占比 51.7%，满足肉食动物常规饲喂推荐的蛋白质含量应大于 40% 的基本配比要求，可见食谱的蛋白质含量设计是合理的。

图十二　蛋白质来源和供能比分析

图十三　脂肪酸分析

图十四　矿物质分析

图十五　姐妹篇狗狗饭食营养分析辅助系统

结果分析 3：科学合理的饭食食谱对脂肪酸的比例是有一定要求的；这个食谱中，饱和脂肪酸、单不饱和脂肪酸、多不饱和脂肪酸的摄入量分别为 1.85g、2.28g 和 2.01g，比值（%）为 0.3 : 0.37 : 0.33，换算后约等于 0.9 : 1.1 : 1，与推荐摄入比 1 : 1 : 1 非常接近，因此可以认为配方中的脂肪酸来源合理。

结果分析 4：钙磷比对于猫的骨骼发育和成长比较重要。本食谱最大的问题是钙的含量偏低（相较猫需要的每日推荐摄入量 200~400mg 而言），只有 116.35mg，且分析数据显示钙磷比为 0.35 : 1，与推荐摄入标准钙磷比 0.9 : 1 有一定差距；因此应在食谱中适当添加鸡蛋壳粉、虾皮等钙含量丰富的食物或钙补充剂，以满足配方的合理性。

综上所述，有了这样的专业营养分析工具，养猫人和从事宠物营养工作的人们将能更快、更好地配置出合理的猫猫饭食，做到心中有数，让爱宠吃得健康。

当然，你还可以利用软件特有的"功能配餐"选项，配置出限定"能量""蛋白质""高钙"或"低钠"等特殊条件下的饭食食谱。此时的食材重量可以倒推算出，非常简便易用。

小贴士：本书的姐妹篇，《狗狗饭食教科书》（主审：王天飞 主编：俵森朋子 主译：黄堤）已经出版发行。为了养狗家庭的方便"狗狗饭食营养分析辅助系统"也已推出，欢迎爱宠人士互相传播，将宠物营养师的关爱散布到更多家庭。

第2章

猫猫饭食常用
食材的解析

好的食材是好的猫猫饭食的基础。

新鲜的、天然纯净的、符合猫身体需要的食材，会让猫吃得更健康。有的食材适合人类，却不一定适合猫，有的甚至对猫有害。

1. 肉、蛋类 🐾

（1）鸡肉 ------------------------------------

鸡肉是我们常给猫喂食的肉类之一，含有丰富的矿物质和维生素等营养成分。鸡肉蛋白中富含猫所必需的氨基酸，是优质的蛋白质来源之一。鸡肉的脂肪含量低，但含有较多的不饱和脂肪酸——亚油酸和亚麻酸，能够改善猫的营养不良，提高猫免疫力，促进猫生长发育。

鸡肉

（2）鲑鱼 ------------------------------------

鲑鱼是不同鱼类的统称，包括三文鱼、鳟鱼、北美青鱼等。鲑鱼富含蛋白质和维生素 A、维生素 B、维生素 E，以及锌、硒、铜、锰等矿物质，营养价值非常高。鲑鱼还含有丰富的不饱和脂肪酸，能有效降低血脂和血胆固醇。鲑鱼含有虾青素，是一种强力的抗氧化剂。

鲑鱼

（3）鸭胸肉 ------------------------------------

鸭胸肉营养价值高、适口性好、制作方便，含蛋白质、脂肪、钙、磷、铁、钾、维生素 E 和 B 族维生素等。鸭胸肉中的脂肪酸主要是不饱和脂肪酸和低碳饱和脂肪酸，易吸收，可以增加食欲、降低胆固醇，还具有清热去火、利水消肿、抗衰老等功效。

（4）牛肉 ------------------------------------

牛肉是优质的高蛋白、低热量食品，脂肪含量少，还含钙、铁、磷、维生素 B_1、维生素 B_2、烟酸及少量维生素 A 等。牛肉中富含

鸭胸肉

肌氨酸，有利于增强猫的肌肉活力，提高身体抵抗力。牛肉的脂肪含量很低，但它却是亚油酸的来源，还是潜在的抗氧化剂。牛肉还是猫每天所需要的铁的较佳来源。

牛肉

鳕鱼

（5）鳕鱼

鳕鱼蛋白质含量高、脂肪含量低、鱼刺少，还含有维生素A、维生素D、钙、镁、硒等营养元素。鳕鱼在治疗糖尿病、保护心血管、提高免疫力等方面具有重要的作用，鳕鱼肝油还可以抑菌消炎、改善视网膜。

（6）鸡蛋

鸡蛋含有丰富的优质蛋白、脂肪、维生素和铁、钙、钾等猫所需要的矿物质；富含DHA和卵磷脂、卵黄素，有利于猫的毛发和皮肤健康，还可以降低脂肪的胆固醇，清除自由基，延缓衰老，保护肝脏；含有较多的维生素B和其他微量元素，可以分解和氧化体内的致癌物质，具有防癌作用。鸡蛋最好是煮熟了给猫食用，生鸡蛋中还有很多细菌和微生物，还有抗胰蛋白酶，加热过程中可以杀灭细菌破坏抗胰蛋白酶。有些猫对生蛋清也有过敏反应，喂食鸡蛋前需要清楚你家猫的饮食禁忌。

鸡蛋

（7）鸭蛋

鸭蛋含有蛋白质、磷脂、维生素、钙、钾、铁、磷等营养物质。猫食用适量的鸭蛋可以起到美毛效果，对身体健康也有很好的作用。鸭蛋中各种矿物质的总含量超过鸡蛋很多，对猫的骨骼发育有益，并能预防贫血。

鸭蛋

鹌鹑蛋

排骨

（8）鹌鹑蛋 --

　　鹌鹑蛋的营养价值要比鸡蛋高一些，其氨基酸种类齐全、含量丰富，含有多种磷脂、激素等，营养价值非常高，但是鹌鹑蛋胆固醇太高，猫不宜吃过多，食用过量有发生胰腺炎的风险。鹌鹑蛋对于猫除了有美毛效果外，还对猫的营养不良、贫血、高血压、支气管炎、血管硬化等症状都有一定的调补作用。

（9）排骨 --

　　排骨含有大量磷酸钙、骨胶原、骨粘蛋白等，能够提供钙质，促进骨骼发育；富含铁、锌等微量元素，可以强健筋骨、改善贫血；富含蛋白质和脂肪，提供优质蛋白质和必需的脂肪酸；有丰富的肌氨酸，可以增强体力。需要注意的是排骨煮熟后骨头容易碎裂，较锋利，猫吃了后，可能会卡住喉咙，刺穿肠道，因此喂食前请把骨头剔除干净再给食。

青花鱼

（10）青花鱼 --

　　青花鱼又名日本鲭，含有丰富的优质蛋白质、碳水化合物、胆固醇、不饱和脂肪酸及少量维生素。另外，青花鱼含有的微量元素比较多，主要包括铁、钙、磷、钠、钾等，可以防止猫的血管硬化、保护眼睛、改善毛发和皮肤。它具有高蛋白、低脂肪的特点，也适合作为易胖猫的食材。

龙利鱼

（11）龙利鱼 --

　　龙利鱼是高蛋白、低脂肪、富含维生素的优质鱼类，脂肪中含有丰富的不饱和脂肪酸，具有抗动脉粥样硬化的功效，对防治心脑血管疾病和增强记忆力颇有益处，还能降低晶体炎症的发生可能性。龙利鱼含有丰富的镁元素，在预防猫高血压、心肌梗死等疾病上的效果还是非常好的。

黑鱼　　　　　　　　　　丁香鱼　　　　　　　　　虾

（12）黑鱼 --

黑鱼又叫乌鱼、生鱼。黑鱼含有丰富的蛋白质、脂肪、氨基酸、无机盐、维生素，以及钙、磷、铁、锌、硒、镁、钾、钠、铁等多种矿物质，猫体内所必需的11种氨基酸黑鱼中都含有，养价值非常高，对猫具有解毒祛热、利尿消肿、补脾益气的功效。黑鱼还可以增强猫的体质，提高抗病能力。

（13）丁香鱼 ---

丁香鱼又叫小银鱼，个头虽小，但营养价值高，不需要剔鱼刺，制作猫饭方便。丁香鱼富含维生素A和维生素D，特别是其肝脏含量最多，提供丰富的维生素A和牛磺酸等营养物质。丁香鱼含有水溶性的维生素 B_6、维生素 B_{12}、烟碱酸及生物素，还含有丰富的矿物质，对猫具有防癌、抗癌、抗氧化、清热、止泻等作用。

（14）虾 --

虾能够给猫提供优质的蛋白质，其氨基酸的种类、数量和比例都比较合适；能够提供钙、碘这样的矿物质，尤其是虾中含有的钙更加丰富，在预防骨质疏松方面的功效相对比较明显；可以增强猫免疫力，对于身体虚弱的猫是极好的食物，适口性强、易消化；含有丰富的镁，对猫的心脏活动具有重要的调节作用，能很好地保护心血管系统，减少血液中胆固醇含量。

（15）鸡肝 ---

鸡肝性温，含有丰富的维生素A，可护肤、明目；含有丰富的铁、磷，对补血、造血有很大的益处；富含蛋白质、卵磷脂、牛磺酸和微量元素，是优质的牛磺酸和卵磷脂来源，可以维持猫的营养平衡，促进身体发育；具有多种抗癌物质，如维生素C、硒等。补充适量的鸡肝还可以同时预防矿物质和维生素缺乏病。切记不可长期大量地食用鸡肝，鸡肝中钙磷比高达 1:36，过量容易造成维生素 A 过量和钙缺乏等营养性疾病。

（16）鸭肝 --------------------------------------

鸭肝性温，功能和所含营养元素与鸡肝没多大区别，主要是营养价值与鸡肝有所不同。鸭肝的蛋白质和胆固醇含量没有鸡肝高，脂肪含量比鸡肝稍高一点，猫也不宜大量食用。

（17）鸡心 --------------------------------------

鸡心含有丰富的蛋白质、脂肪和铜，同时也含有大量的矿物质和维生素、牛磺酸，具有保护心脏、增强免疫力、促进伤口愈合、保护视力等功效，对猫的毛发、皮肤、骨骼组织、大脑和内脏的发育和功能有重要影响。

（18）鸭胗 --------------------------------------

鸭胗为鸭的肌胃，含有碳水化合物、蛋白质、脂肪、烟酸、维生素 C、维生素 E 和钙、镁、铁、钾、磷、钠、硒等矿物质。食用适量的鸭胗对于猫有补铁造血、健胃消食、保护视力的作用，可以促进体质虚弱和营养不良的猫的身体发育。

鸡肝　　　　　　　鸭肝　　　　　　　鸡心　　　　　　　鸭胗

（19）鸡软骨 --------------------------------------

猫可以吃鸡软骨，但千万不要给猫喂鸡长骨、碎骨，鸡骨头较坚硬，猫吃了容易刺穿肠胃，猫吃鸡软骨也可以起到洁牙的效果，鸡软骨中含有大量的钙，可以有效补充钙离子，增加骨密度；还含有软骨蛋白和胶原蛋白，对美毛和保护皮肤有一定的帮助。

鸡软骨

2. 蔬菜、菌菇类

（1）南瓜

南瓜中含有丰富的营养物质，包括碳水化合物、蛋白质、脂肪、多种维生素和矿物质。南瓜中的维生素A含量比其他的绿叶蔬菜高，是β-胡萝卜素的极好来源，能为猫提供丰富的维生素A，可以维持猫正常视觉，预防眼部疾病；含有多糖，可以增强猫的免疫力；含有果胶，能调节猫胃内食物的吸收速率，降低胆固醇；南瓜还能促进猫的造血功能，预防癌症的发生。

南瓜

（2）海带

海带的主要特点是富含碘，它对于防止猫的一些甲状腺疾病有一定的作用；含糖量非常少，几乎没有什么热量，对于降血糖、降血脂有一定的作用；同时海带还有一定的抗凝血、调节免疫、预防肿瘤的作用。海带可以作为猫排出重金属毒素的一种抗氧化剂。海带中含有的褐藻酸钾有维持钾钠平衡的作用，可辅助降低猫的血压。

海带

（3）秋葵

秋葵含有果胶、多糖、维生素、纤维素、微量元素、黄酮类等成分。对猫具有抗氧化、延缓衰老的作用；具有促进猫肠胃蠕动、促进消化吸收、维护肠道健康的作用；同时还对猫预防肿瘤、保护肝脏、缓解疲劳、恢复体能、预防心脑血管疾病等方面具有重要的作用。

秋葵

（4）白萝卜

白萝卜被称为"自然消化剂"，能够分解食物中的淀粉和脂肪，可以促进猫的肠胃蠕动，帮助猫消化、抑制胃酸过多、促进新陈代谢，具有排毒抗癌的功效。且白萝卜中含有丰富的维生素、糖类、氨基酸及多种矿物质元素，可以抗衰老、增强猫的抵抗力。

白萝卜

（5）番茄

番茄又叫西红柿，含有大量的维生素、番茄红素、胡萝卜素、叶酸及微量元素，是物美价廉的"防癌高手"。猫吃适量的番茄能够预防前列腺疾病、预防心血管疾病、防止骨质疏松、促进消化、减肥等。

（6）白玉菇

白玉菇是一种低热量、低脂肪的食用菌类，可以提高机体的免疫力，能有效地阻止癌细胞的蛋白合成，是猫预防癌症的秘密武器。猫摄入适量的白玉菇还能防止便秘、预防衰老、通便排毒等。

（7）香菇

香菇具有高蛋白、低脂肪的特点，含有丰富的矿物质，并且对猫有很好的药用效果。香菇具有抗肿瘤、抗衰老等功效，对猫的贫血、佝偻病、肝硬化、食欲不振、肿瘤等病有一定的作用。香菇还富含生物碱、香菇嘌呤，具有降低血液中胆固醇含量的作用，能够有效预防动脉血管硬化。香菇中含有一种干扰素，能够干扰病毒的蛋白合成，使机体产生免疫作用，对病毒性疾病有较好的防治作用。

番茄

白玉菇

香菇

（8）芦荟

有流传"猫不可以吃芦荟"这种说法，但是目前国内外研究资料显示，这种说法并没有科学依据。根据记载，芦荟对宠物具有缓解皮炎、治疗伤口、治疗胃部轻微溃疡等作用。研究人员对 44 只猫进行针对性治疗 FeLV（猫白血病病毒），为期 12 周的研究，结果显示 71% 的猫存活且身体健康，有治疗效果。同时，芦荟对犬、猫均具有抗氧化的积极作用。需要注意的是过量的芦荟黏液，即"乳胶成分"，可能会带

芦荟

来腹泻风险。因此用芦荟给猫做饭时需去皮后清洗掉黏液少量添加。整体而言，芦荟无论是内服还是外用，应该说还是安全的。

（9）莲藕

莲藕中的黏液蛋白和膳食纤维含量都非常高，特别是粗纤维含量，可以很好地促进猫对食物的消化吸收，调节肠道健康。莲藕还含有大量的铁、钙等多种微量元素。

莲藕

（10）西蓝花

西蓝花中的维生素尤其多，含有丰富的维生素 C，具有强大的防癌功能。西蓝花可以为猫补充钙质，有利于猫的骨骼和牙齿健康，提高猫的免疫力。虽然加热西蓝花会导致维生素 C 流失，但是西蓝花中的维生素 C 非常多，因此不用在意。

西蓝花

（11）卷心菜

卷心菜是一种具有强大抗癌功效的蔬菜，还能有效保护黏膜。卷心菜富含维生素 C、维生素 B_1、叶酸和钾，还富含维生素 U，对猫的胃溃疡有着很好的治疗作用，猫食用后可以补骨髓、润脏腑、益心力、壮筋骨、利脏器。

卷心菜

（12）黄瓜

黄瓜含有丰富的水分和膳食纤维，且热量很低，有助于减肥；黄瓜含有较多维生素 E 和维生素 C，有抗氧化、抗衰老、抗癌的作用；黄瓜含相当多的蛋白质及钾盐等，具有加速血液新陈代谢、排出体内多余盐分的作用；黄瓜所含的葡萄糖苷、甘露醇、果糖、木糖都不参与通常的糖代谢，具有降血糖和降低胆固醇的效果。

黄瓜

（13）胡萝卜 ---

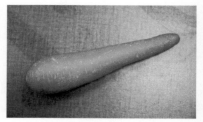

胡萝卜

胡萝卜中含有大量的胡萝卜素和丰富的维生素 A，是猫补充维生素 A 的优质来源，对猫具有养肝、明目的效果；还含有丰富的维生素 C、维生素 E 等多种维生素和一些微量元素，对猫有改善便秘、保护皮毛健康、清热解毒、增强免疫力的效果。

（14）芦笋 ---

芦笋具有低糖、低脂肪、高纤维、高维生素的特点，含有丰富的维生素 B、维生素 A、叶酸、硒、铁、锌等。芦笋含有其他蔬菜中没有的芦丁、芦笋皂苷等营养元素，这些营养元素对防治心脑血管疾病、癌症有效果；芦笋含有丰富的抗癌元素——硒，能提高对癌细胞的抵抗力；芦笋中的天冬氨酸能帮助缓解疲劳、增强体质、促进排尿。

（15）菠菜 ---

菠菜含有大量的 β-胡萝卜素和铁，也含有较多的维生素 B6、叶酸和钾，其中含有的丰富的铁能有效预防贫血。菠菜叶含有铬和一种类胰岛素的物质，能使猫血糖保持稳定。菠菜含有大量的抗氧化剂，如维生素 E 和硒元素，具有抗衰老、促进细胞增殖的作用。注意食用前，用开水焯一下，可以去除大部分草酸。

（16）生菜 ---

生菜含有大量 β-胡萝卜素、抗氧化物、矿物质、膳食纤维等成分，对猫有抗氧化、促进肠道健康、降低胆固醇、美毛护肤等功效。生菜含有干扰素诱生剂，它可以产生干扰素，抑制病毒，预防猫的病毒性疾病的发生。

芦笋

菠菜

生菜

3. 薯类

（1）紫薯

因为紫薯含有丰富的膳食纤维，可以促进肠胃蠕动和肠道消化，热量较低，几乎不含胆固醇，所以对于猫减肥有一定益处。同时，紫薯还富含硒、铁、花青素等元素，可以增加猫的免疫力、抵抗疾病、抗疲劳、抑制体内癌细胞的生长。

紫薯

（2）土豆

土豆含有大量的蛋白质、淀粉、碳水化合物、多种维生素和无机盐等，具有很高的营养价值，但是猫不宜食用太多。此外，土豆块茎还含有钙、磷、铁、钾、钠、锌、锰等元素。需要注意的是，发芽的土豆含有较多的龙葵碱，容易引起猫中毒，不能给猫食用这种土豆。

（3）山药

山药含有大量淀粉及蛋白质、维生素、葡萄糖和淀粉酶等营养物质，具有预防动脉粥样硬化、减少皮下脂肪沉积、助消化、降血糖等功效。山药皮中的皂角素和黏液中的植物碱会使人皮肤过敏，但对于猫没有这方面的研究。

（4）番薯

番薯富含蛋白质、淀粉、果胶、纤维素、氨基酸、维生素及多种矿物质，维生素中 β－胡萝卜素、维生素 E 和维生素 C 含量最高，番薯中还含有丰富的赖氨酸。番薯能够很好地调节猫肠道的微生态平衡、保护心血管、增强免疫力，还有预防糖尿病、减肥等功效。

土豆

山药

番薯

4. 水果类

（1）香蕉

香蕉营养丰富、热量低，有丰富的蛋白质、糖、钾、维生素A和维生素C、膳食纤维等，可以促进猫的肠道蠕动，起到通便的效果。香蕉有高钾、低钠的特点，可以排除猫体内多余的钠离子，有助于降低血压，而且香蕉拥有的特殊香气，对猫有很大的诱惑力，有些猫很喜欢这种气味。

香蕉

（2）蓝莓

蓝莓含有除普通水果含有的维生素以及各种矿物质以外，还富含花青素。花青素具有抗氧化作用，也是保护眼睛必不可少的营养元素，对于猫的美毛护肤、眼部健康、抵抗力等都有重要的作用。

（3）柠檬

柠檬的热量很低，富含维生素、柠檬酸、苹果酸、高量钾元素和低量钠元素等营养成分，建议给猫少量喂食，最好是稀释后喂给猫，柠檬酸性太强，吃多了会刺激猫的肠道，造成猫呕吐、腹泻、肠胃炎等疾病的发生。稀释后的少量柠檬可以增加猫的食欲，调节猫的肠道健康。柠檬还有大量的维生素C，可以起到预防猫的心血管疾病、抗氧化等作用。

（4）苹果

苹果含有苹果酸、鞣酸、维生素C等，可以增强猫的食欲，保护肠道黏膜，改善肠道功能，增强免疫力。苹果含有丰富的钙、磷、铁、锌、钾、镁等矿物质，可以有效防治猫贫血、保护皮毛。需要注意的是苹果核不能给猫喂食，苹果的种子中含有氰化物，容易引起猫中毒。

蓝莓

柠檬

苹果

5. 添加剂、调味类 🐾

（1）三文鱼油 --

纯三文鱼油主要含多不饱和脂肪酸，天然虾青素，极易与自由基反应实现清除自由基的效果，起到抗氧化作用。可以抑制动脉壁变厚、预防心血管疾病、维持细胞膜流动性，以保证免疫功能健康，平衡血浆中甘油三酯和胆固醇水平，降低肥胖风险。鱼油中的 EPA、DHA 能够提高猫的学习力、模仿力，促进它的脑部神经发育。

三文鱼油

（2）奶酪 --

含有大量的蛋白质、乳酸菌、矿物质和维生素等多种营养元素，在猫的食物中适量地添加，有助于提高其抵抗力，增强体质。而且奶酪含有非常丰富的钙，对猫的骨骼和牙齿都有一定益处。

（3）无糖酸奶 --

由于猫有乳糖不耐症，不建议给猫喝牛奶，但酸奶是可以喝的。酸奶是由牛奶发酵而成的食物，牛奶中不易消化的蛋白和乳糖已经被分解了，酸奶中含有益生菌可以调节肠道菌群平衡，维持肠道健康。酸奶中还含有蛋白质、钙等营养元素。

（4）蛋壳粉 --

蛋壳粉主要成分为碳酸钙，需要研磨细腻提高适口性和吸收率。蛋壳粉是补充猫所需钙磷的有效来源之一，还能防治猫的骨骼疾病。将蛋壳粉敷在外伤伤口上，还可以防止伤处感染、止痛消肿。

奶酪

无糖酸奶

蛋壳粉

（5）啤酒酵母 --

啤酒酵母是一种非常安全、营养丰富且均衡的可食用微生物。啤酒酵母中几乎不含脂肪、淀粉和糖，而含有优质的蛋白质、完整的B族维生素、多种矿物质及优质膳食纤维。啤酒酵母可以用于猫的减肥、预防糖尿病、预防脂肪肝、预防维生素B缺乏等。

（6）碘盐 --

有传言说"猫不能吃盐"，这种说法是不科学的。盐中的钠离子和钾离子是机体重要的组成部分，维持细胞渗透压平衡、参与神经和肌肉的兴奋等方面都有不可或缺的职责。碘盐是指含碘的食盐，碘的生理功能其实就是甲状腺激素的生理功能，有促进能量代谢、维持垂体的生理功能、促进发育等功能。

（7）玉米淀粉 --

玉米淀粉含有亚油酸和维生素E，能降低猫的胆固醇水平、减少动脉硬化发生。玉米淀粉中含钙、铁较多，可预防猫的高血压、冠心病。玉米淀粉中丰富的膳食纤维能促进猫的肠道蠕动，缩短食物通过消化道的时间，减少有毒物质的吸收和致癌物质对结肠的刺激。但是因为玉米淀粉含有高碳水化合物，并不建议猫大量采食。

啤酒酵母　　　　　　　　　　碘盐　　　　　　　　　　玉米淀粉

（8）海藻粉 --

海藻粉富含海藻多糖、甘露醇、氨基酸、蛋白质、维生素和钾、铁、钙、磷、碘、硒、钴等营养元素，含粗蛋白质11.16%、粗脂肪0.32%、碳水化合物37.81%。同时，它含有的矿物质和微量元素均以有机态存在。由于海藻粉营养的丰富性，加入海藻粉可以调节宠物的机体代谢，提高猫免疫力，促进猫发育生长。

海藻粉

（9）橄榄油 --

橄榄油是一种富含油酸的食用油。橄榄油含有较多的不饱和脂肪酸、丰富的脂溶性维生素、胡萝卜素及抗氧化物等多种成分，并且不含胆固醇，可以很好地改善猫的消化系统。

（10）椰子粉、椰蓉 ---------------------------------

椰子粉、椰蓉的营养价值非常高，不但含有丰富的维生素、微量元素，还含有许多脂肪、蛋白质、糖，尤其椰子粉含有椰子油、葵酸、油酸、月桂酸、脂肪酸等，可以提供大量的营养物质。椰子粉、椰蓉内的锌元素能够促进生长发育，锌还参与生物体正常生命活动，是新陈代谢过程不可缺少的元素。

橄榄油

椰子粉

椰蓉

（11）蛋黄粉 --------------------------

蛋黄中的卵磷脂对猫的皮肤健康和美毛有很大的效果，还可以促进肝细胞再生，促进机体的新陈代谢，增强免疫力。

蛋黄粉

（12）亚麻籽油 --------------------------

亚麻籽油也叫胡麻油，氨基酸种类齐全，其中含有大量的 α-亚麻酸。α-亚麻酸是猫体内的必需脂肪酸，可转化为 DHA 和 EPA，猫食用后能预防皮肤问题、保护视力、降低血胆固醇、延缓衰老、抗过敏、抗肿瘤、降血脂等。

亚麻籽油

（13）碳酸钙 --

碳酸钙是一种常见的营养补充剂，具有很好的补钙效果，可以维持机体内神经、肌肉、骨骼系统、细胞膜和毛细血管通透性的正常运作，另外对于猫的牙齿和骨骼的发育尤为重要。

（14）姜黄粉 --

姜黄粉含有非常丰富的姜黄素、双去甲氧基姜黄素、倍半萜类化合物以及姜黄酮等挥发油成分，还含有钙、镁、钠、钾等元素，对于猫具有抗炎症、抗氧化、增强心脏血管功能等作用。姜黄粉是由姜黄制作的，是一种天然的着色剂，和市面上的生姜不一样，姜黄色素有抑制癌细胞的作用，在猫的食物中可少量添加。

（15）桑葚干 --

桑葚干含有多种氨基酸，以及维生素 B_1、维生素 B_2、维生素 C、维生素 E 等多种维生素和多种有机酸。桑葚干中含有铁、锌、钙、磷等矿物元素及胡萝卜素、纤维素、果胶、葡萄糖、蔗糖、果糖等营养成分。桑葚干具有抗癌功效，可以降低猫的血糖、血脂，并且桑葚干含有亚油酸，可以改善消化功能，帮助猫消化。

碳酸钙

姜黄粉

桑葚干

（16）低聚果糖 ------------------------------------

低聚果糖属于一种小分子物质，能够促进猫肠道蠕动、改善便秘，还可以降低猫的血脂含量，加速胆固醇和脂肪的代谢，可以有效预防心脑血管疾病。

（17）左旋肉碱 ------------------------------------

左旋肉碱又叫 L- 肉碱，是一种重要的类维生素物质，多从瘦肉中提取。其可以发挥酶的作用，有很强的分解脂

低聚果糖

肪的能力，对于肥胖的猫来说，是一种很好的减肥食品。

（18）牛磺酸

牛磺酸是猫必需的氨基酸，区别于其他动物，猫特别需要从食物中获得牛磺酸。牛磺酸具有保护心脏、增强心肌、保护肝、促进胃肠功能、增加猫的免疫力等功能。牛磺酸还有保护视力，促进视觉细胞增生的功能。

（19）芝麻

芝麻含有丰富的卵磷脂、油酸和亚油酸，还含有芝麻素、花生酸、芝麻酚、棕榈酸、硬脂酸、维生素等。给猫的饭食中加入适量的芝麻，能够抗衰老、抗动脉硬化、抗高血压、润肠、通便、强化心脑血管等。

| 左旋肉碱 | 牛磺酸 | 芝麻 |

（20）蛋黄油

蛋黄油富含维生素 A、维生素 D 和卵磷脂，对猫具有提高适口性、亮毛美毛、促进皮肤健康、保护皮肤、消炎止痛、治疗创伤等功效。

（21）无盐动物黄油

无盐动物黄油含有 90% 的脂肪，另外还含有大量的铜、胆固醇、脂溶性维生素等，具有提高适口性、改善贫血、促进血液循环，以及保护猫的内脏、皮肤、骨骼等作用，广泛用于烘焙。

蛋黄油　　　　　　　　　　　　　无盐动物黄油

（22）明胶 ---

明胶又称鱼胶，它是从动物的骨头（多为牛骨或鱼骨）中提炼出来的胶质，主要成分为蛋白质，广泛用于慕斯蛋糕的制作，主要起稳定结构的作用。

（23）木鱼花 ---

木鱼花富含 DHA 和 EPA，可减缓猫的衰老、调节新陈代谢、防止动脉硬化，也具有抗炎、保护视网膜等效果，在烘焙中起到装饰作用。

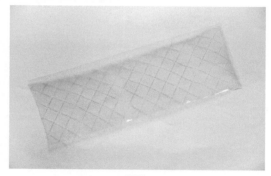
明胶

木鱼花

（24）果蔬粉 ---

果蔬粉是一种很安全的天然色素，广泛用于烘焙。果蔬粉含有车前子果壳成分，可以促进肠胃的消化和吸收，这对降低猫便秘和腹泻等肠胃疾病的发病率也有一定的作用。

（25）大米粉 ---

大米粉含有大量的蛋白质、淀粉、纤维和 B 族维生素，脂肪含量较少，可以为猫储存和提供热能、调节脂肪代谢、提供膳食纤维、解毒、增强肠道功能等。

果蔬粉

大米粉

山药粉

（26）山 药 粉 --------------------------------

同山药的营养价值相似，与山药相比，山药粉的水分含量少，易保存，过敏性低，在猫的饭食中添加时也要适量。

（27）角 豆 粉 --------------------------------

角豆粉的风味和颜色很像巧克力，但不含可可碱和咖啡因，是猫可以食用的。角豆粉纤维含量高，可以防止便秘、保护肠道健康；脂肪含量低，钙含量高但不含草酸盐；是一种良好的天然抗氧化剂。

角豆粉

（28）宠 物 花 生 酱 --

宠物花生酱无盐、无糖、无辣，是一种很好的调味食品，含有大量的蛋白质和钙、铁等矿物质，还含有 B 族维生素、维生素 E 等营养成分。

（29）宠 物 羊 奶 粉 --

宠物羊奶粉对于猫来说不过敏、不上火，乳糖含量低，是最接近猫母乳的奶制品，对猫来说是优质奶源之一。羊奶富含热量、短链脂肪酸、核苷酸，还含酪蛋白、乳清蛋白和钙、磷、钾、镁、锰等矿物质。宠物羊奶粉中含有较多的免疫球蛋白，可以提高猫的抵抗力。

宠物花生酱

宠物羊奶粉

6. 药膳类 🐾🐾

（1）当归

当归含有维生素 A、维生素 E、精氨酸及多种矿物质，在猫的食物中适量添加，能够抗癌、抗衰老、增强体质、调节机体免疫功能。

当归

（2）黄芪

黄芪含有叶酸、多种氨基酸、蔗糖、多糖和锌、铜、硒等多种微量元素，其基本作用是提高猫呼吸系统的免疫能力，除此之外，还有利于排尿、调节血压、增强免疫功能。

黄芪

（3）枸杞

枸杞含有枸杞多糖及多种氨基酸，并含有甜菜碱、玉米黄素、酸浆果红素等特殊营养成分。枸杞具有很好的降血压和降血脂作用，可以提高猫的免疫力、促进肠胃蠕动、益气安神、抗癌。

（4）红枣

红枣含有蛋白质、多种氨基酸、维生素、铁、钙、磷等成分，可以使猫体内多余的胆固醇转变为胆汁酸，胆固醇少了，结石形成的概率也就随之降低。红枣具有健脾暖胃、改善消化不良等功效，可以增强体质。用红枣和枸杞等一起熬汤，可以增强猫机体的抵抗力，保持健康的身体。

（5）杜仲

杜仲含杜仲胶、糖苷、生物碱、有机酸、果胶、醛糖、维生素 C 及多种氨基酸等成分，具有强身健体、抗疲劳的作用，能增强机体非特异性免疫功能。此外，杜仲还有镇静、镇痛、利尿及延缓衰老的作用。

枸杞

红枣

杜仲

（6）干菊花 ---

干菊花含有氨基酸、胆碱、黄酮类、维生素，以及微量元素等物质，具有抵抗病原体、增强毛细血管的抗性、疏散风热、明目、清热解毒等功效。

（7）绿茶 ---

绿茶的主要成分是茶多酚，还含有微量的咖啡因、脂多糖、叶绿素、氨基酸、维生素等营养成分。绿茶中茶多酚可以起到抗衰老、抗癌、抑制疾病、消炎抗菌等作用；微量咖啡因也能起到提神醒脑、利尿等作用，猫不宜摄入过多；其他营养成分还有助于猫降脂、护目、缓解疲劳等。

（8）莲子 ---

莲子含有碳水化合物、蛋白质、钙、磷、铁等，加入适量的莲子对猫有降血糖、安神清心、防癌、抗癌等功效。

干菊花

绿茶

莲子

（9）柴胡 -------------------------------------

柴胡的成分主要含柴胡皂苷、丁香酚、油酸、亚麻油酸、棕榈酸和多糖等，还含有生物碱、黄酮类、葡萄糖、氨基酸等。柴胡具有清热解毒、抑菌抗炎、缓解疼痛、调节肠胃的功能，还可以增强免疫功能和代谢作用。

柴胡

7. 有哪些猫不能吃的食物

（1）巧克力

巧克力中有可可碱和咖啡因，如果猫误食一定量的巧克力，在 4 小时后，可能出现呕吐、腹泻、喘息、紧张、兴奋、震颤、心跳加速、心律失常、昏迷、抽搐等症状，甚至猝死。

（2）葡萄

少量的葡萄或葡萄制品会导致猫急性肾功能衰竭，最终有可能引发休克或死亡。

（3）洋葱

洋葱含有可能破坏猫红细胞的 N- 丙基二硫化物，会导致猫出现贫血和血红蛋白尿症等。

（4）大蒜

大蒜含有大蒜素，对于猫来说也是有毒的食物之一，食用过量会造成溶血性贫血。另外，大蒜是一种刺激性调味食品，会刺激猫的胃肠道，导致猫出现消化不良的症状。

（5）绿色的番茄

绿色的番茄中含有龙葵碱，龙葵碱进入猫体内会干扰神经信号传递并刺激肠道黏膜，从而导致猫下消化道剧烈不适甚至肠胃出血。

（6）生的土豆

煮熟的土豆猫可以适量吃，但生的不能吃。因为生土豆中含有茄碱（一种有毒的尼古丁类物质），会造成猫严重的胃肠道功能紊乱。另外煮熟的土豆含有大量的淀粉，猫不宜吃太多，吃太多会很难消化，导致猫消化功能不好。

（7）咖啡

咖啡里含有咖啡因，猫误食会造成呕吐、多尿，甚至会让猫产生神经和心脏系统的异常。咖啡因对猫的致死量是 80~159mg/kg。

（8）生鸡蛋

通常情况下不建议给猫食用生鸡蛋，由于生鸡蛋中含有蛋白酶抑制剂，会降低猫对蛋白质和生物素的吸收和利用。生鸡蛋中还有一些细菌，例如沙门式杆菌、大肠杆菌等，猫食用后可能会引起细菌性肠炎，导致腹泻、呕吐甚至便血的症状。

（9）部分坚果

部分坚果含有对猫有害的成分，可能会导致猫出现精神萎靡、食欲不振、流涎、抽搐等症状。夏威夷果只对犬类有毒，除了果仁本身，消化后的产物也有毒素。

（10）百合

百合的所有部位都可以使猫中毒。猫在两小时内就会出现中毒症状，刚开始会出现嗜睡、食欲不振和呕吐的症状，慢慢地可能会抽搐和口吐白沫，如果不及时治疗，会导致脱水、肾衰竭，甚至死亡。

（11）木糖醇

木糖醇是一种人造甜味剂，其作用是代替糖。研究发现，木糖醇和巧克力一样，对猫有着极其严重的危害。猫在食用木糖醇后可能会引起胰岛素释放增加，从而在短时间内出现严重低血糖的情况。严重的低血糖会导致猫陷入昏迷并死亡。出现这类情况之后，哪怕及时接受治疗，一些恢复后的猫也会继续发展为肝功能衰竭。

（12） 柑橘皮和萃取柑橘油

猫误食或长时间接触柑橘皮或萃取柑橘油，轻微可造成呕吐、腹泻和胃肠不适，严重的会使肝脏不能代谢，进而导致肝细胞坏死。

（13）水果核

水果核含有氰化物，可干扰血液中氧气的正常释放，轻则头痛、恶心，重则呼吸困难、意识障碍甚至全身抽搐。水果核有时也会造成猫的肠道堵塞。

（14）过高的盐分

猫不适合吃太咸的食物，因为它们的皮肤上没有汗腺，体内的盐分必须经由肾脏排出体外。如果吃得太咸，就会加重肾脏的负荷而导致肾衰竭、尿结石等疾病。

（15）鱿鱼、章鱼、贝类

有的宠物医生说吃了鱿鱼、章鱼、贝类，猫的腰节骨会软，这并没有科学依据，但吃了这类食物猫不易消化，所以不能作为常吃的食物，过量摄取会引起消化障碍。

第 3 章

烹饪工具及
烹饪方式

每一道佳肴，不只是一份食物，还蕴藏着深深的呵护。我们照顾猫的生活起居，猫用陪伴来回报。

严格按照猫营养学的基础知识，结合烹饪工艺，让一道道可口的饭食呈现在猫的餐桌上，主人和猫相对而坐，四目相视，这是多么曼妙的时刻。

1. 烹饪工具 🐾

（1）电动打发器
作用：主要用于食品的快速打发。

（2）手动打蛋器
作用：用可控的速度打发食材或把食材混合均匀。

（3）手持料理棒
作用：主要用于将食物打碎至均匀、细腻状态。

（4）料理机
作用：主要用于将食材打碎、混合。

（5）硅胶刮刀
作用：主要用于翻拌，将容器壁上的残留食材刮干净。

（6）磨粉机
作用：主要用于将各种原料研磨成粉。

电动打发器

手动打蛋器

手持料理棒

料理机

硅胶刮刀

磨粉机

（7）风干机

作用：主要用于制作风干食品（如肉干、水果干等），减少水分含量，便于携带储存。

（8）烤箱

作用：主要用于烘烤蛋糕、甜品、零食等。（注意，使用时需提前预热，如果不经过预热，可能会导致食物受热不均匀。）

（9）蒸锅

作用：蒸锅主要是利用蒸汽的对流外加一定的压力，使生坯或原料受热渗透，由表及里地变性、成熟。

（10）平底不粘锅

作用：主要用于炒、煎等制作方式。

风干机

烤箱

平底不粘锅

蒸锅

（11）锅铲

作用：主要用于炒菜时翻炒食材。

（12）奶锅

作用：主要用于熬酱、炖煮食材。

锅铲

奶锅

（13）刀、案板

刀的作用：主要用于切割食材，改变食材形态。

案板的作用：主要用于辅助切菜。

（14）保鲜膜

作用：主要用于保持食材新鲜，也可用于辅助食品塑形。

（15）烤箱用油纸

作用：主要用于铺在烤盘或模具上，防止食物与烤盘或模具粘连，也可用于辅助食品塑形。

（16）各种模具

作用：主要用于改变食物的形状或为食品塑形。

刀、案板

保鲜膜

烤箱用油纸

纸杯模具

硅胶模具

蛋糕模具

模具

模具

慕斯模具圈

（17）裱花袋

作用：主要用于泥状物体的塑形或作为将材料填充到模具中的辅助工具。

（18）电子秤

作用：主要用于精准称量所需食材的重量。

（19）擀面杖

作用：主要用于在平面上滚动挤压可塑性食材。

（20）粉筛

作用：主要用于把粉类过筛，使其更加细致、无颗粒。

（21）漏勺

作用：主要用于捞出水中煮好且不需要汤汁的食材。

（22）硅胶刷

作用：主要用于蘸取油、酱料刷平底锅或食材。

（23）厨房温度测量仪

作用：手持测量仪，与水平方向保持 35°～45° 角度，以 12:1 物距比测量食物、烤箱内部、火炉内部温度。

裱花袋

电子秤

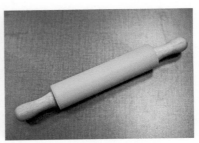

擀面杖

粉筛

漏勺

硅胶刷

厨房温度测量仪

2. 烹饪方式

（1）蒸

作用：蒸主要是利用蒸汽的对流和一定压力，使生坯或原料受热渗透，由表及里变性、成熟。

特点：酥烂、汁浓、味厚。

（2）煮

作用：煮主要是将食物原材料放入大量的汤汁或清水中煮沸，慢慢使其成熟，以水为介质将食物加热至成熟。

特点：质地细嫩、口感软滑。

（3）炖

作用：炖是指把食物原材料加入汤水及调味品，先用大火烧沸，然后转成中小火，长时间烧煮至成熟。

特点：香气四溢、汤汁清美、食物酥烂、易于消化，适用于猫在特殊时期的护理餐食。

（4）烘焙

作用：烘焙是指在材料燃点之下通过干热的方式使材料脱水变干、变硬的过程。烘焙后淀粉产生糊化、蛋白质产生变性等一系列化学变化，使食品熟化。

特点：受热均匀、色泽鲜明、形态美观。

（5）煎

作用：煎是指用锅把少量的油加热，再把原材料放进去，使其熟透。表面会稍呈金黄色乃至微焦。

特点：少油，口感外焦里嫩。

第 4 章

健康营养的基础
猫饭食谱

好的食材离不开科学的食谱，好的食谱也离不开好的食材。这两者是相辅相成的，少了谁也不行。

猫的健康食谱中蕴藏着与食品安全、食品卫生、食品营养相关的众多科学知识。健康的、科学的食谱设计要兼顾营养水平和营养均衡性。

猫的饮食习惯一般在6个月前养成，如果猫在6个月前只吃单一食材，成年后大部分不愿意接受新食物。一副"你要毒死朕"的态度拒绝你精心为它准备的大餐。猫特别喜欢吃湿润的食物，本书呈现给大家的所有食谱，都是"色香味俱全"的成品，但建议给大部分的猫喂食的时候，最好充分将肉类和蔬果搅打成湿润状，重新组合食材的各大营养元素，提升鲜味。也可根据你们的猫从小喜欢吃的食物颗粒大小、形状做调整。猫的味觉不发达，主要靠嗅觉辨别，天冷的时候可以将猫饭适当加热、回温增加香气，提升猫的接受度。最重要的是饲主要耐心，正确引导猫接受新食物。

1. 番茄拌酱 🐾

番茄中的叶黄素可强化血管，也是一种强氧化剂，帮助肝细胞再生，维持均衡的代谢活动，有极高的营养价值。烘焙中又可增强视觉效果，熟化的番茄味更容易吸引猫开食。

· 配料：番茄1个、食用油少许。

基础营养元素			
能量（kcal）	蛋白质（g）	脂肪（g）	碳水化合物（g）
69.0	1.2	5.3	5.2

制作步骤 ------------------------------------

①在番茄顶部用刀划出十字，用开水烫5分钟后去皮，将番茄肉切丁。

②为不粘锅刷油，炒番茄丁。

③小火煮出番茄汁后出锅，用手持料理机绞碎番茄丁，可冷藏，2天内食用完。

2. 鸡蛋拌酱

　　鸡蛋富含 DHA 和卵磷脂、卵黄素，能提高记忆力，并促进肝细胞再生，保护皮肤，所含铁质是极佳的补血材料。糊化后的食材更易吸收，适口性很高，热量也高，请注意给猫的喂食量。

　·配料：鸡蛋 1 个、玉米淀粉 15g、羊奶粉 20g、水 100g、无盐黄油 15g。

基础营养元素			
能量（kcal）	蛋白质（g）	脂肪（g）	碳水化合物（g）
370.0	12.1	25.0	24.2

制作步骤 --

①将鸡蛋打散，放入玉米淀粉混合，搅拌至无颗粒状。

②水中加入羊奶粉，小火煮至边缘起小泡。将煮好的羊奶慢慢倒入混合好的鸡蛋液里，一边倒一边快速搅拌。

③把所有液体倒回奶锅，用小火边煮边继续搅拌，至有纹路状态，放入黄油，关火，搅拌均匀。

④把奶锅放在冷水盆或冰水盆里降温，继续搅拌至顺滑状态。保存时用保鲜膜紧贴鸡蛋拌酱表面，可冷藏，3 天内食用完。

鸡蛋拌酱

3. 蓝莓拌酱 🐾

蓝莓中有丰富的花青素，强抗氧化的同时维护眼部健康，可用做搭配食品。

· 配料：蓝莓 125g。

基础营养元素			
能量（kcal）	蛋白质（g）	脂肪（g）	碳水化合物（g）
75.0	2.5	0.5	17.8

制作步骤 ------------------------------------

①将蓝莓洗净，对半切开，放入不粘锅中用小火烧制，同时碾压出汁，直至成酱出锅。

②如果猫喜欢细腻的口感，也可以用手持料理机绞碎蓝莓，可冷藏，2 天内食用完。

蓝莓拌酱

4. 蛋壳粉 🐾

蛋壳粉是钙磷的有效来源之一，还能防治猫骨骼疾病。制作时，撕膜是不可省略的步骤。蛋壳研磨越细腻越好吸收，不然会影响口感。

· 配料：鸡蛋壳。

制作步骤 --------------------------------

①将鸡蛋壳洗净，去除内部白色薄膜。

②放入水中煮沸5分钟消毒，将消毒后的蛋壳放入烤箱，低温80℃烤制20分钟。

③用磨粉机打成细粉即可，密封保存。蛋壳粉用于给猫补钙，在市面上有销售，也可以直接采购。

5. 多蔬鸡肉肠

· 配料：鸡胸肉 200g、紫薯 20g、卷心菜 20g、秋葵 20g、奶酪粒 10g、羊奶粉 10g、啤酒酵母 10g、亚麻籽粉 10g。

基础营养元素			
能量（kcal）	蛋白质（g）	脂肪（g）	碳水化合物（g）
394.0	44.7	15.1	20.7

制作步骤 --

①把鸡胸肉、卷心菜、秋葵切成小块与奶酪粒、羊奶粉、啤酒酵母、亚麻籽粉一起搅拌成泥。

②将紫薯切小粒，与上一步制作的食物泥一起搅匀，装入裱花袋。

③给模具刷一层油，将食物泥挤入模具中，上锅，中火蒸 20 分钟。

多蔬鸡肉肠

6. 香菇肉挞 🐾🐾

· 配料：鲜香菇 4 个、牛肉 70g、鸡肉 70g、胡萝卜 30g、南瓜 30g。

基础营养元素			
能量（kcal）	蛋白质（g）	脂肪（g）	碳水化合物（g）
197.0	30.9	4.4	10.8

制作步骤 --

①鲜香菇去蒂。

②将牛肉、胡萝卜一起放入料理机打成泥。

③将鸡肉、南瓜一起放入料理机打成泥。

④两种食物泥分别塞入 4 个香菇"托盘"上，等蒸锅水开后上锅蒸 8 分钟出锅。

7. 蛋炒多味鸡 🐾

· 配料：鸡胸肉 100g、去皮去骨鸡腿肉 50g、鸡肝 25g、鸡心 50g、蛋液 100g、土豆 100g、山药 25g、胡萝卜 25g、苹果 25g、盐 1g、蛋壳粉 2g、啤酒酵母 1g。

基础营养元素			
能量（kcal）	蛋白质（g）	脂肪（g）	碳水化合物（g）
607.0	56.5	28.4	33.7

制作步骤 --------------------------------

①鸡胸肉、鸡腿肉、鸡肝、鸡心、山药、胡萝卜、苹果切丁备用。

②将蛋液打散，不粘锅中刷油倒入蛋液，小火炒熟，盛出备用。

③将土豆蒸熟后压泥。

④不粘锅中刷油，加入鸡胸肉丁、鸡肝丁、鸡腿肉丁、鸡心丁，中火翻炒3分钟，加入山药丁、胡萝卜丁、苹果丁、土豆泥，炒熟后加入炒好的鸡蛋，撒入蛋壳粉、啤酒酵母、盐，翻炒均匀后出锅。

蛋炒多味鸡

8. 鸡肉寿司 🐾

运用鸡的不同部位进行蛋白质组合，提升猫饭的适口性，增加猫的食欲。注意鸡肉不要切太厚，否则不容易煎熟哟。

> · **配料**：鸡胸肉200g、去骨去皮鸡腿肉100g、鸡肝20g、鸡心40g、啤酒酵母2g、蛋壳粉2g，鸡蛋拌酱、木鱼花、海苔适量。

基础营养元素			
能量（kcal）	蛋白质（g）	脂肪（g）	碳水化合物（g）
578.0	65.8	31.6	8.0

制作步骤

①将鸡胸肉、去骨去皮。

②鸡腿肉切块放入料理机，加入蛋壳粉一起打成泥。将鸡肝、鸡心放入料理机，加入啤酒酵母一起打成泥。在保鲜膜上薄薄铺一层鸡肝、鸡心肉泥，然后在铺好的肉泥上再铺一层鸡胸、鸡腿肉泥。

③利用保鲜膜辅助，卷起铺好的食材，并包裹紧塑形，放入冰箱冷冻定型。

④取出定型后的寿司肉卷，切成2cm厚的片。平底不粘锅中刷油，将肉卷放入，小火煎熟，出锅。

⑤装盘后可在寿司片顶部淋上鸡蛋拌酱，放上木鱼花、海苔进行装饰。

鸡肉寿司

9. 南瓜宝盒

南瓜与鸡肉搭配在一起不仅有营养又易于吸收，搭配其余食材口味也是猫难以拒绝的。挖南瓜的时候注意借力，不要用力过猛把南瓜挖坏了，里面的籽要挖干净。

> · 配料：鸡胸肉1块、小南瓜1个、红薯1个，番茄、奶酪、西蓝花适量。

基础营养元素			
能量（kcal）	蛋白质（g）	脂肪（g）	碳水化合物（g）
595.0	46.0	12.1	81.7

制作步骤 --

①预热烤箱10分钟至180℃，将小南瓜切去顶部放入烤箱，保持180℃烤40分钟左右，直至筷子能轻松插入南瓜即可。

②红薯去皮切小块，放入蒸锅蒸20分钟。鸡胸肉蒸熟切丁备用。

③番茄切丁、奶酪切碎备用。

④将烤熟的南瓜去籽，挖出南瓜和蒸熟的红薯1:1混合，取适量鸡肉丁与番茄丁、奶酪碎混合，再将馅料放回南瓜里，放入烤箱，保持160℃烤10分钟。

⑤将西蓝花焯水后，用来装饰表面。

南瓜宝盒

10. 百味千层 🐾

　　鸡肉与龙利鱼鲜嫩的二种蛋白质交错层叠，又以煎这种香味浓郁的烹饪方式，增加鲜味层叠，使猫充满食欲。香蕉富含 β－胡萝卜素和膳食纤维，促进肠道健康，煎的时候注意每层肉的厚薄度差不多，这样拼装的效果就会很整齐。

> ·配料：香蕉半根、鸡胸肉 200g、鸡蛋 2 个、胡萝卜 40g、苹果 10g、龙利鱼 200g、椰子粉 50g、羊奶粉 40g、蜂蜜 10g、海藻粉、啤酒酵母、亚麻籽粉、橄榄油少许。

基础营养元素			
能量（kcal）	蛋白质（g）	脂肪（g）	碳水化合物（g）
1130.0	102.9	39.4	94.3

制作步骤 --

①香蕉、鸡胸肉、胡萝卜、苹果切小块，和鸡蛋一起放入料理机搅成泥（搅拌过程中滴入几滴柠檬汁防止苹果氧化）。龙利鱼切小块，和椰子粉、羊奶粉、蜂蜜、海藻粉、啤酒酵母、亚麻籽粉放入料理机搅成泥。

②锅里刷橄榄油，将食物泥放入锅中煎成约 1cm 厚的饼，煎至两面金黄，盛出备用。

③锅里刷橄榄油，将鱼泥放入锅中炒熟，盛出备用。

④将炒熟的鱼泥夹在饼之间塑形，可根据自己的喜好叠加层数。

⑤切成自己喜欢的造型，摆盘。

11. 双肉汉堡 🐾

用不同的肉仿造猫汉堡，满足饲主和猫的不同需求，增加互动情感。芝麻富含亚油酸，除了点缀还可以降低血液中的胆固醇含量，防止血液疾病发生。芝麻碾碎后吸收率更高。

> · 配料: 牛肉（瘦）200g、鸡胸肉 200g、啤酒酵母 10g、蛋壳粉 5g、紫薯 100g、山药 100g、生菜 2 片，芝士片或奶酪、黑芝麻适量。

基础营养元素			
能量（kcal）	蛋白质（g）	脂肪（g）	碳水化合物（g）
731.0	89.4	21.0	48.3

制作步骤 ----------------------------------

①牛肉、紫薯切块，放入料理机，加入啤酒酵母一起打成泥。

②鸡胸肉、山药切块，放入料理机，加入蛋壳粉一起打成泥。

③平底不粘锅中刷油，用小火分别将两种食物泥煎成大小均匀的饼，鸡肉饼需薄于牛肉饼，煎熟后盛出备用。

④在两块煎好的鸡肉饼中夹上牛肉饼、芝士片或奶酪、生菜，在最上层鸡肉饼顶部撒上黑芝麻作为装饰。

双肉汉堡

12. 三文鱼蛋卷 🐾

　　鸡蛋和三文鱼都富含优质蛋白质。鸡蛋增强猫的体力，适用于病后调理。三文鱼能预防动脉硬化和维持脑部机能，对皮毛健康也非常有帮助，三文鱼中所含的Omega-3脂肪酸对肠胃具有消炎的功效。如果你的猫不喜欢三文鱼，可以更换其喜欢的肉类，最后添加猫喜欢的佐料，引导猫开食。

> · 配料：三文鱼 100g、鸡蛋 2 个、胡萝卜 20g、芦笋 20g、山药 20g，鸡肉松、鸡蛋拌酱、番茄拌酱、海苔碎、白芝麻适量。

基础营养元素			
能量（kcal）	蛋白质（g）	脂肪（g）	碳水化合物（g）
367.0	32.8	20.5	14.3

制作步骤 --

①将鸡蛋的蛋清和蛋黄分离，蛋清备用，蛋黄蒸熟切碎。

②胡萝卜、芦笋、山药、三文鱼蒸熟切丁，和熟蛋黄混合，加入少许鸡蛋拌酱，保持口感湿润。

③不粘锅刷油，开最小火，倒入蛋清，摊成饼，撒上海苔碎和白芝麻，翻面煎熟取出。

④在蛋白饼上铺上馅料（前厚后薄），慢慢卷起来，对半切开。

⑤在表面撒上鸡肉松，淋上番茄拌酱和鸡蛋拌酱即可。

13. 虾仁滑蛋宴

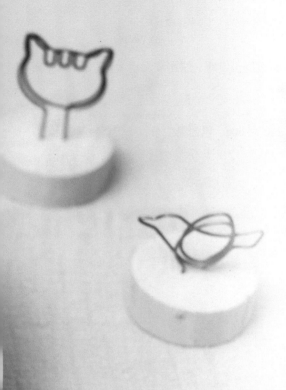

　　周末来份易消化的虾仁，除了多样化食材，还能从虾中获得蛋白质、牛磺酸、钙、铁、锌，强化心脏功能。鸡肉摆盘如同双份冰激凌球，会不会也让饲主有食欲大增的效果？那就请饲主给自己也来一份，加点盐，一起用餐吧。

> ·配料：鸡蛋1个、虾仁3个、鸡胸肉50g、羊奶（液体）2勺、红心火龙果3片、生菜1片，鸡肝粉、鸡蛋拌酱、蛋黄粉少许。

基础营养元素			
能量（kcal）	蛋白质（g）	脂肪（g）	碳水化合物（g）
216.0	30.0	8.6	6.9

制作步骤 ------------------------------------

①鸡蛋打散，加入液体羊奶。

②不粘锅刷油，开小火煎蛋。

③煎蛋半熟时放入虾仁，关火焖熟，取出装盘，撒上少许鸡肝粉装饰。

④鸡胸肉蒸熟撕条，和鸡蛋拌酱拌匀，塑成球形的鸡肉沙拉。

⑤火龙果切片，将生菜洗净铺在盘中，将鸡肉沙拉放在生菜上面，在沙拉上撒上蛋黄粉装饰。

14. 肉筒花花 🐾

果蔬粉能提供给猫安全的"颜色"，又能增加纤维素，有益肠道健康。饼不要做得太厚，否则卷的时候饼皮容易断裂，请多做几张皮备用吧。

> ·配料：班戟皮2张（菠菜色、原色）、鸡胸肉100g、土豆泥60g、熟蛋黄1个，小虾仁或三文鱼丁、鸡蛋拌酱少许。

班戟皮			
基础营养元素			
能量（kcal）	蛋白质（g）	脂肪（g）	碳水化合物（g）
605.0	22.8	25.4	71.9

馅料			
基础营养元素			
能量（kcal）	蛋白质（g）	脂肪（g）	碳水化合物（g）
238.0	33.7	5.9	12.8

制作步骤 -

①鸡胸肉、土豆、小虾仁或三文鱼丁蒸熟，鸡胸肉撕条，土豆压成泥与熟蛋黄、小虾仁、适量的鸡蛋拌酱混合成湿润的鸡肉沙拉。

②将菠菜色班戟皮对半剪开，留出一小条待用。把鸡肉沙拉卷在菠菜色班戟皮里，做成3个花束卷。

③用原色班戟皮包裹3个花束卷，再用菠菜色班戟条固定包好的"花束"。

* 班戟皮烹饪步骤详见第6章的鲜虾鸡肉班戟制作过程。

肉筒花花

15. 猫猫寿喜锅

　　特定的日子可以定制一碗日系寿喜锅大餐。寿喜锅除了富含蛋白质，其动物肝脏类食材具有独特的风味，可维护眼睛和皮肤的健康，促进血液循环，改善贫血。但食用过量会伤身，一定要适度喂食。

> · 配料：鸡胸肉 20g、白菜 20g、海带 20g、
> 　　　　乌冬面 40g、小鸡腿 1 个、鸭胗 10g、
> 　　　　对虾 20g、牛肉（肥瘦相间）20g、
> 　　　　鸡心 10g、白玉菇 2g、香菇 20g、
> 　　　　油菜 10g、奶豆腐（去脂奶酪）20g、
> 　　　　鹌鹑蛋 1 个。

基础营养元素			
能量（kcal）	蛋白质（g）	脂肪（g）	碳水化合物（g）
431.0	41.1	12.0	41.5

制作步骤 --------------------------------------

①鹌鹑蛋煮熟备用。

②洗净所有食材，鸡胸肉、小鸡腿、鸭胗、牛肉、鸡心切丁后冷水下锅煮沸，撇去浮沫，再放入余下食材，煮熟后盛出摆盘即可。

* 生鸡腿不用去皮去骨，煮熟后再把鸡腿骨和鸡腿皮去除，然后给猫食用。对于挑食的猫，可将所有食材切碎后再喂食。

多肉乌冬

16. 多肉乌冬

　　用紫薯、南瓜本身特定的颜色结合鸡肉、鱼肉制作一份日系乌冬面，裱花袋的剪口大小决定是细面还是乌冬面。撩"面条"时请小心拾取，因为食材关系易断哟。熟制南瓜中的 β - 胡萝卜素释放得更多，也更易吸收，大部分猫都喜爱南瓜的气味。

> · 配料：鸡胸肉 300g、紫薯 100g、鸡蛋 2 个、去皮青花鱼 150 克、南瓜粉 15g、玉米淀粉 15g。

基础营养元素			
能量（kcal）	蛋白质（g）	脂肪（g）	碳水化合物（g）
939.0	103.6	35.4	54.5

制作步骤 --------------------------------------

①将紫薯、鸡胸肉、1 个鸡蛋放入料理机中打成泥，装入裱花袋备用。

②将去皮青花鱼、南瓜粉、1 个鸡蛋放入料理机中打成泥，然后加入玉米淀粉，用筷子搅拌使食物泥筋道，装入裱花袋备用。

③水烧开后，将裱花袋剪小口，把食物泥以面条状挤入水中，浮起后捞出装盘。

17. 滋补菊花鸡汤 🐾

·配料: 菊花 2 朵、鸡腿 1 个、枸杞 8~10 粒、莲藕 30g、海带 10g、小番茄 1 个。

基础营养元素			
能量（kcal）	蛋白质（g）	脂肪（g）	碳水化合物（g）
298.0	24.9	19.6	6.3

制作步骤 -------------------------------------

①先把鸡腿去骨（如果不好操作，可煮熟后再去骨）。

②锅中加入冷水，放入去骨鸡腿和鸡腿骨，煮沸后撇去浮沫。

③将莲藕去皮切片、海带切丝放入锅中。煮 15 分钟后加入菊花、枸杞，继续煮 5 分钟，将鸡腿骨捞出丢掉。

④将汤盛出，将小番茄切开放入进行装饰。

* 煮鸡腿时不用去皮，但给猫喂食鸡腿的时候，请把鸡腿骨和鸡腿皮去除。

18. 芦荟鱼滑汤 🐾

　　鱼滑汤鱼肉鲜美，加入有益脾胃功能的秋葵，同时也能增加猫的饮水量，预防泌尿系统疾病。芦荟能量很低，可预防癌症。处理芦荟时候需小心刀不要划到手，因切开后的黏液会影响手部操作，要去掉芦荟皮，并清洗掉黏液。

> ·配料: 龙利鱼 80g、芦荟 15g、鸡蛋清半个、玉米淀粉 10g、秋葵 1 根。

基础营养元素			
能量（kcal）	蛋白质（g）	脂肪（g）	碳水化合物（g）
116.0	18.1	0.4	10.4

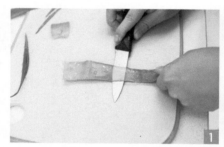

制作步骤 --------------------------------------

①龙利鱼切小块、芦荟去皮，清洗掉黏液，一起倒入料理机打成泥。

②将蛋清加入食物泥，用筷子搅拌均匀，再加入玉米淀粉，用筷子搅拌使食物泥筋道。

③将水烧开，把食物泥用小勺滑入水中，撇去浮沫。

④待丸子浮起后，将秋葵切片，放入锅中再煮 2 分钟。

芦荟鱼滑汤

19. 春夏药膳汤

　　春夏新陈代谢开始旺盛，随着温度升高，水分和营养容易流失。春夏也是细菌、微生物繁殖的时刻，稍不注意就容易引发肠胃疾病。我们需要帮助猫健脾暖胃、清热解毒、抑菌抗炎。

> ·配料：鸡腿2只、去芯干燥莲子100~150g、柴胡20~30g、枸杞适量、去核红枣适量。

基础营养元素			
能量（kcal）	蛋白质（g）	脂肪（g）	碳水化合物（g）
765.0	51.1	29.1	71.1

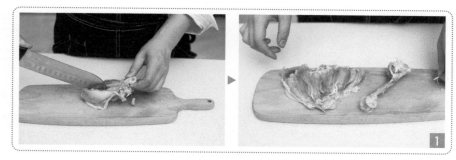

制作步骤 -

①鸡腿去骨、切块放入冷水中，煮沸后撇去浮沫（如果不好操作，可煮熟后再去骨）。

②将莲子、柴胡洗净后用纱布包住放入锅中，加入枸杞和红枣一起煮20分钟。

*煮鸡腿时不用去皮，但给猫喂食的时候，请把鸡腿骨和鸡腿皮去除。吃的时候把纱布包丢弃。

秋冬药膳汤

20. 秋冬药膳汤

　　立秋后天气逐渐凉爽、干燥，寒冷的时候，需要增加热量，食欲也相对旺盛。此款食材搭配主要以强身健体、增加免疫力为目的设计的。补气养血的优质蛋白质，可以提供氨基酸以补充皮脂分泌，供给皮肤养分，预防干痒。

> ·**配料**：杜仲3~4小片、当归1小片、黄芪15~18片、枸杞8颗、去核红枣8颗、排骨8~10块、去骨带皮鸡腿6个、山药、白玉菇少许。

基础营养元素			
能量（kcal）	蛋白质（g）	脂肪（g）	碳水化合物（g）
774.0	51.8	54.5	17.3

制作步骤 ------------------------------------

①先把鸡腿去骨（如果不好操作，可煮熟后再去骨）。

②锅中加入冷水，放入去骨鸡腿和排骨，煮沸后撇去浮沫。

③将杜仲、当归、黄芪包在纱布中，和枸杞、红枣一起加入汤中继续煮。

④将山药切块，和白玉菇一起倒入锅中。

⑤大火煮沸后转小火，炖30分钟后盛出，纱布中的食材丢弃。

*煮鸡腿时不用去皮，但给猫喂食时，请把鸡腿骨、鸡腿皮和排骨的骨头去除。

第5章

针对猫疾病的营养
辅助猫饭食谱

药膳是人类食品的说法，具有一定营养辅助作用的猫饭可以叫作猫的临床营养饮食。它考虑了生病期间猫的特性——不爱吃食物，肠胃因治疗而不适，严重的还会厌食、呕吐，所以适口性成了猫的临床营养饮食最重要的一点。临床营养是独立的科学，也是辅助治疗的重要组成部分，但区别于保健品，也和冰冷的药品不同，它是一道美味的佳肴，成为具备功能的饭食，有辅助疗效，虽然不能作为独立的治疗手段，但是可以提高猫在生病时期的生活质量。

1. 有助于猫的慢性肾病的食谱 🐾

慢性肾病是猫的常见病，经常威胁猫的生命健康，经确诊或者治疗后的猫，在饮食方面应特别注意。

> · **配料**：海带 15g、水 200ml、鸡胸肉 100g、黑鱼 50g、蛋壳粉 6g、加碘食盐 1g、鱼油 4g、亚麻籽油 1g。

基础营养元素			
能量（kcal）	蛋白质（g）	脂肪（g）	碳水化合物（g）
233.0	29.7	11.3	3.2

制作步骤 --

①把鸡胸肉、黑鱼肉切丁、煮熟，撇去浮沫后捞出。

②将 15g 海带放入 200ml 水中煮沸，将鸡胸肉丁、黑鱼肉丁直接倒入煮好的海带汤里再煮 3 分钟。

③盛出后冷却至常温（冬天可留余温），加入鱼油、亚麻籽油，最后加入蛋壳粉、加碘食盐搅拌均匀。

①慢性肾病是猫的常见病、多发病，因此针对慢性肾病、肾病康复期、肾病手术后的猫要注意其口腔健康，并让其多饮水。

②得了慢性肾病的猫要选择"合理粗蛋白质水平"的食物，有一些关于得了肾病的猫必须采食"低蛋白"食物的说法，但是"高蛋白含量会引发猫肾病"的结论目前缺乏科学依据，所以易消化蛋白质，是得了慢性肾病的猫的饮食要点。

③增加"肉"来源，尽量减少"植物蛋白质"来源，如尽可能选择新鲜的肉，这样的动物蛋白来源消化率、吸收利用率都比较高。

④也有一些关于"食盐导致肾病"的说法，但目前没有科学证据证明这一点。而且，如果食盐缺乏，会造成病猫的钾元素流失，反而会加重肾病的情况，而且在猫肾病的康复阶段，适当增加盐分更有益于猫的康复与健康。

2. 有助于皮肤健康的食谱

　　猫的皮肤、被毛健康受很多因素影响，其中比较关键的就是猫饭中的蛋白质营养物质和维生素 A、维生素 E，以及食物中的必需脂肪酸和矿物质锌。

> · 配料：三文鱼 160g、鸭肉 35g、鸭肝 5g、鱼油 4g、亚麻籽油 1g、海苔 4g、芝麻 3g、蓝莓拌酱 20g、啤酒酵母 3g、蛋壳粉 2g、加碘食盐 1g。

*蓝莓拌酱的做法见第 4 章的蓝莓拌酱。

基础营养元素			
能量（kcal）	蛋白质（g）	脂肪（g）	碳水化合物（g）
361.0	37.9	20.6	8.8

制作步骤

①把三文鱼肉、鸭肉、鸭肝加水煮熟，撇去浮沫，加入适量汤水，用绞肉机绞碎成糊状（糊的厚薄度取决于汤水的多少）。冷却至常温（冬天可留余温），利用冷却的时间，把芝麻、海苔磨成细粉。

②依次加入蛋壳粉、芝麻粉、海苔粉、鱼油、亚麻籽油、蓝莓拌酱，最后加入食盐、啤酒酵母搅拌均匀。

------------------ 健康提醒 ------------------

　　①猫毛发的 90% 以上是由蛋白质组成的，三文鱼肉里的维生素 A 和矿物质锌含量丰富，100g 中有 206μg 维生素 A 和 4.3mg 的锌，明显多于其他鱼类，其高营养价值和适口性让其成为猫饭的最佳食材之一。

②在猫饭的食材和营养元素中，脂肪酸和皮肤健康的关系重大。在猫饭中，可以通过额外补充适当的鱼油、亚麻籽油等这类含有丰富不饱和脂肪酸的食材，对猫的皮肤、被毛健康起到很好的保护和改善作用。

③有时候，猫的皮肤和被毛问题与真菌、细菌的关系很大，所以增加抗氧化力、提高免疫力也是保持猫的皮肤、被毛健康的重要保障手段。一些由螨虫或寄生虫导致的皮肤病需要及时进行治疗。

3. 有助于肠胃健康的食谱

　　猫肠胃不适是普遍并常见的问题，表现出来的往往是慢性腹泻，或者呕吐。营养与饮食是改善猫肠胃健康的重要因素，饮食与猫肠胃的消化功能关系很大。

> ·配料 A：鸡胸肉 200g、土豆 40g、鱼油 5g、胡萝卜 15g、芦笋 10g、低聚果糖 1g、干菊花 3 瓣、绿茶叶 4g、柠檬半个、碳酸钙 2g、加碘食盐 1g。

基础营养元素			
能量（kcal）	蛋白质（g）	脂肪（g）	碳水化合物（g）
373.0	41.2	16.3	16.4

制作步骤 ---

①把鸡胸肉切丁煮熟，撇去浮沫，捞出放凉，加入适量汤水备用。把土豆、胡萝卜、芦笋切丁放入鸡肉汤中煮熟（针对挑食的猫，可以将食材煮熟后绞碎）。

②把干菊花、绿茶叶磨成粉，柠檬挤出汁水。

③把干菊花粉、绿茶叶粉、柠檬汁加入汤中，再依次加入鸡胸肉、鱼油。

④最后加入低聚果糖、加碘食盐、碳酸钙，搅拌均匀。

· 配料 B：鳕鱼肉 200g、土豆 40g、鱼油 10g、胡萝卜 15g、芦笋 10g、低聚果糖 1g、干菊花 3 瓣、绿茶叶 4g、柠檬半个、碳酸钙 2g、加碘食盐 1g。

基础营养元素			
能量（kcal）	蛋白质（g）	脂肪（g）	碳水化合物（g）
329.0	43.2	12.3	12.4

制作步骤

①把鳕鱼肉切丁煮熟，撇去浮沫，捞出放凉，加入适量汤水备用。把土豆、胡萝卜、芦笋切丁煮熟（针对挑食的猫，可以将食材煮熟后绞碎）。

②把干菊花、绿茶叶磨成粉，柠檬挤出汁水。

③把干菊花粉、绿茶叶粉、柠檬汁加入汤中，再依次加入鳕鱼肉、鱼油。

④最后加入低聚果糖、加碘食盐、碳酸钙，搅拌均匀。

健康提醒

①优质的蛋白质来源是维护猫肠胃健康的法宝，并且其含有丰富、全面的氨基酸。各种鱼肉、鸡肉都是不错的优质蛋白质来源，相对单一的动物蛋白质来源可以避免猫对多蛋白质种类产生不良反应。

②食物过敏会引起猫的胃肠不适，在易过敏食物中，乳制品、麸质，如面筋、小麦等都是容易导致猫过敏的食材，应该尽量少加或者不加。

③猫肠道内有害菌过度生长，也是猫胃肠道健康出现问题的罪魁祸首之一。可以通过增加有益菌的方法来降低有害菌，如在猫饭中加一些帮助有益菌生长的益生元。

4. 有助于肥胖猫减肥的食谱

肥胖、体重超重已经成为威胁猫健康的头号杀手，肥胖会引起猫一系列的健康问题，如骨骼疾病、关节炎、糖尿病、呼吸系统和消化器官等方面的问题。

> ·配料：鸡肉100g、鳕鱼肉100g、蛋壳粉4g、芦笋10g、食盐1g、左旋肉碱0.05g、鱼油1g、亚麻籽油1g、柠檬半个、蓝莓拌酱20g。

基础营养元素			
能量（kcal）	蛋白质（g）	脂肪（g）	碳水化合物（g）
289.0	42.5	9.5	9.3

制作步骤

①把鸡肉、鳕鱼肉、芦笋切丁煮熟，撇去浮沫，捞出放凉，加入适量汤水，冷却至常温（冬天可留余温）备用。

②利用冷却的时间，将柠檬榨汁。如果猫比较挑食，可以把芦笋捣碎成泥。

③依次在汤中加入笋丁或笋泥、蛋壳粉、鱼油、亚麻籽油、柠檬汁、蓝莓拌酱。

④最后加入食盐、左旋肉碱搅拌均匀。

* 减肥期间的猫，可以按照本食谱总质量的60%～80%喂食。

------------------------------ 健康提醒

①说到猫的减肥食谱，很多人都认为要低蛋白低脂肪，这种认识是缺乏科学性的。猫需要充足的蛋白质维持身体肌肉组织，因此提高蛋白质水平、控制代谢才是猫减肥的科学方法。

②减肥期间的猫食谱，建议最大限度地降低碳水化合物含量，以肉为主，或者蛋白质完全来源于肉类，而不是来自淀粉高的植物类。

③科学证实左旋肉碱对猫的减肥效果是明显的、安全的，牛肉中含有丰富的左旋肉碱，因此也可以在减肥猫饭中额外添加一小勺的左旋肉碱。

5. 患糖尿病猫的食谱 🐾

　　猫最常见的疾病之一就是糖尿病。现在家养的猫长期缺乏运动，总喜欢懒洋洋地躺着不动，长此以往，猫就更容易随着体重超重而提升患糖尿病的概率。

> · 配料：鳕鱼肉 160g、鸡肉 40g、菠菜 15g、蛋壳粉 4g、食盐 1g、鱼油 3g、干菊花 2 瓣、柠檬半个。

基础营养元素			
能量（kcal）	蛋白质（g）	脂肪（g）	碳水化合物（g）
249.0	42.1	7.0	5.2

制作步骤 --

①把鳕鱼肉、鸡肉煮熟，撇去浮沫，捞出放凉，加入适量汤水，冷却至常温（冬天可留余温）备用。

②另起锅加水，菠菜切段、焯水，把煮熟的菠菜剪碎或绞碎成泥。

③把干菊花磨成细粉，将柠檬榨汁。

④在肉汤中加入菠菜泥、蛋壳粉、菊花粉、食盐。

⑤最后加入鱼油、柠檬汁，搅拌均匀。

------------------------------- 健康提醒 -------------------------------

　　①除了按期治疗以外，给患有糖尿病的猫制作饭食，要尽可能保持每日饮食的一致性，所以在给患糖尿病的猫做饭的时候，可以不按照一日吃完的常规做法，在冷藏或冷冻不变质的条件下，可以一次多做一些，平均分成多份。

　　②低碳水化合物含量的猫饭食是非常重要的，尤其是那些具有高升糖指数的食材，要杜绝出现在患糖尿病猫的饭食里。

　　③猫和人不一样，糖尿病在猫身上引发的并发症比较少，也很少发现由猫糖尿病引起猫肾病的病例，所以限制高蛋白饮食在设计猫饭的食谱时并不成立，高质量的蛋白质是优质猫饭的基础。

6. 有助于保护猫肝脏的食谱 🐾

　　猫的肝脏在食物的蛋白质、脂肪、碳水化合物代谢过程中起到关键作用，因此猫饭的综合营养作用对于猫的肝脏健康意义重大。

> ·配料：牛肉 160g、对虾 30g、鸡蛋 1 个、蛋壳粉 2g、鱼油 3g、亚麻籽油 1g、
> 　　　　干奶酪 3g、左旋肉碱 0.05g、牛磺酸粉 0.05g。

基础营养元素			
能量（kcal）	蛋白质（g）	脂肪（g）	碳水化合物（g）
308.0	45.0	11.3	6.3

制作步骤

①把牛肉、对虾切丁煮熟，撇去浮沫，捞出放凉，加入适量汤水，冷却至常温（冬天可留余温）备用。

②利用冷却的时间，把鸡蛋煮熟，剥出鸡蛋黄捣碎。

③将处理好的鸡蛋黄加入汤中，再依次将鱼油、亚麻籽油、左旋肉碱、牛磺酸粉、蛋壳粉、干奶酪加入，搅拌均匀。

健康提醒

　　①猫饭的营养缺乏会导致肝脏的健康受损，在猫饮食营养中，丰富、充足的营养水平，均衡的氨基酸搭配，关键维生素的补充，都能够有效保护猫的肝脏，并对猫肝脏疾病康复有巨大价值。

　　②高质量的氨基酸对预防猫肝炎、肝硬化都有积极作用，牛磺酸对于猫肝脏保护也有很好的作用。

　　③猫饭的营养结构中，缺乏矿物质锌往往会对猫肝脏带来损伤，应选择一些富含锌成分的食材，如蛋黄、牛肉、羊肉、鲈鱼等。

7. 有助于保护猫的关节的食谱 🐾

　　猫的各类关节健康问题对猫的影响极大，多数肥胖、体重超重的猫同时也患有关节疾病，尤其到老年阶段更加严重，因此特别需要在猫饭中增加有助于修复关节和保护关节的营养食材。

> ·配料：鸡肉 140g、土豆 20g、鸡软骨 40g、丁香鱼 30g、胡萝卜 30g、海带 10g、蛋壳粉 2g、鱼油 4g、亚麻籽油 2g、蓝莓拌酱 20g、姜黄粉 1g。

基础营养元素			
能量（kcal）	蛋白质（g）	脂肪（g）	碳水化合物（g）
350.0	40.5	14.8	14.3

制作步骤

①把鸡肉、胡萝卜、土豆、海带切丁，鸡软骨煮熟，撇去浮沫，冷却，加入适量汤水，冷却至常温（冬天可留余温）备用。

②将鸡肉摆放在旁边冷却。

③利用冷却的时间，把鸡软骨剪碎，土豆、胡萝卜切丁。

④丁香鱼焯水，和以上处理好的食材一起加入汤中。

⑤再依次将鸡肉、鱼油、亚麻籽油、蓝莓拌酱、姜黄粉和蛋壳粉加入，搅拌均匀。

健康提醒

　　①猫是否存在关节炎很难发现，一般会表现出活动减少、不愿意动，严重时会跛行。要减轻炎症，补充 Omega-3 脂肪酸是制作猫饭食中的重点，选择海洋鱼油要远好于植物油。

　　②猫的关节健康和猫肥胖密不可分，在保护关节的同时，也要关注猫的体重，及时减肥、多运动，避免体重超重带来的关节问题。

　　③猫关节炎和骨关节软骨损失密不可分，制作保护关节的猫饭时，要特别加入一些软骨成分丰富的食材，如牛的软骨、鸡的软骨，以及藻类，都是较好的选择。

　　④在保护猫关节的食谱中，可以通过添加抗氧化效果好的食材来提高抗氧化效果，以此缓解猫的关节炎症状，起到保护关节的作用。

8. 患胰腺炎猫的食谱 🐾

　　近年来，猫的胰腺炎病例显著增加，病猫会出现呕吐、厌食和软便、拉稀等情况。病猫应该及时就医治疗，康复阶段在饮食上要多加注意，制作猫饭应强调适中水平的蛋白质和优质蛋白质。

> ·配料：鸡肉 110g、对虾 30g、番茄半个、奶豆腐 6g、加碘食盐 1g、鱼油 1g、亚麻籽油 1g、蓝莓 20g、绿茶叶 4g、蛋壳粉 2g。

基础营养元素			
能量（kcal）	蛋白质（g）	脂肪（g）	碳水化合物（g）
250.0	32.0	8.8	11.4

制作步骤

①锅中加水，把鸡肉切丁煮熟，撇去浮沫，捞出放凉，加入适量汤水，冷却至常温（冬天可留余温）备用。

②把番茄切丁，平底锅刷油，番茄丁炒出汁后加入对虾翻炒，再加入熟鸡肉丁翻炒。

③绿茶叶磨碎。把以上处理好的食材加入汤中，再依次将绿茶叶粉、鱼油、蛋壳粉、加碘食盐、亚麻籽油、奶豆腐、蓝莓拌酱加入，搅拌均匀。

健康提醒

　　①得了慢性胰腺炎的猫在康复阶段要注意抗氧化功能的提升，在制作猫饭时，应提升富含胡萝卜素成分的食物种类和比例，如对虾、番茄、干奶酪等都是富含胡萝卜素的食材。

　　②患胰腺炎猫的饭食要维持低脂水平，尤其对已经确诊胰腺炎和康复阶段的病猫，高含量的脂肪会

加剧猫胰腺炎，也会增加猫肥胖的风险。

　　③有助于猫胰腺炎康复饭食的饮食目标，就是减少对胰腺分泌的刺激，维持合理、适中的营养水平，并且在此期间饭食的食材种类要稳定，种类不宜过多。

9. 有助于猫的尿道健康的食谱

猫的尿道健康尤为重要，各类尿道结石和猫的饮食健康、猫饭食有很大的关系，影响猫尿液的pH酸碱度。

> ·配料：鸡肉 140g、鳕鱼肉 60g、海带 10g、加碘食盐 4g、鱼油 3g、熟蛋黄碎 10g、蓝莓拌酱 20g、姜黄粉 1g、蛋壳粉 2g。

基础营养元素			
能量（kcal）	蛋白质（g）	脂肪（g）	碳水化合物（g）
311.0	41.9	13.9	4.7

制作步骤

①锅中加水把鸡肉、鳕鱼肉切丁煮熟，撇去浮沫，捞出放凉，加入适量汤水备用。

②把海带切丝，放入肉汤里煮熟，将汤水冷却至常温（冬天可冷却至余温）。

③依次将鱼油、熟蛋黄碎、蓝莓拌酱、姜黄粉、蛋壳粉、加碘食盐加入，搅拌均匀。

健康提醒

①猫尿道结石的常见类型是磷酸铵镁结石（鸟粪石）和草酸钙结石。形成尿道结石的原因比较多，和饮食也有着密切的关系。

②增加饮水是促进猫尿道健康的有效途径，尽可能让猫多喝水，或者在制作有助于猫尿道健康的猫饭时多加入一些汤汁，让猫能够连汤带饭一起吃下。

③猫饮食营养中的矿物质元素——镁，和猫尿道健康关系重大。镁含量高，带来的鸟粪石结石风险相应提高。同时矿物质磷、钠、氯化物都与猫尿道健康息息相关。

10. 有助于预防与治疗猫癌症的食谱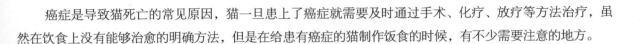

　　癌症是导致猫死亡的常见原因，猫一旦患上了癌症就需要及时通过手术、化疗、放疗等方法治疗，虽然在饮食上没有能够治愈的明确方法，但是在给患有癌症的猫制作饭食的时候，有不少需要注意的地方。

> ·配料：鸡胸肉 140g、黑鱼 40g、丁香鱼 30g、熟鸡蛋黄 1 个、鱼油 2g、蛋黄油 1g、亚麻籽油 1g、桑葚（干）10 颗、蓝莓拌酱 20g、绿茶叶 4g、蛋壳粉 2g。

基础营养元素			
能量（kcal）	蛋白质（g）	脂肪（g）	碳水化合物（g）
383.0	49.8	16.6	9.5

制作步骤

①把鸡胸肉、黑鱼切块，煮熟，撇去浮沫，捞出放凉，加入适量汤水，冷却至常温（冬天可留余温）备用。

②将熟鸡蛋黄揉碎，黑鱼肉切丝，鸡胸肉撕成丝。

③把绿茶叶、桑葚（干）磨碎。

④把熟蛋黄碎、鸡肉丝、黑鱼丝加入汤中。

⑤汤中加入磨碎后的桑葚粉、绿茶叶粉。

⑥最后加入丁香鱼、鱼油、蛋黄油、亚麻籽油、蛋壳粉、蓝莓拌酱，搅拌均匀。

------ 健康提醒 ------

　　①对于患有癌症的猫，在饮食食谱中需要特别强调氨基酸，尤其是精氨酸的含量，应多选择那些精氨酸含量丰富的食材，如鸡蛋黄、黑鱼等，会对患有癌症的猫的健康有利。

　　②蛋白质和碳水化合物都和猫的癌症改善有关，而必需脂肪酸 Omega-3 和 Omega-6 的配合比例更为关键，而食谱中的脂肪选择应避免比例失衡。

　　③患有癌症的猫，或者在癌症康复期的猫，很有可能会利用碳水化合物作为供给癌症肿瘤的能量来源，也就是说，饭食中的低碳水化合物含量很关键。

第6章

猫的休闲食品
食谱

本章的休闲食品食谱是针对下午茶、派对专门设计的"主食"以外的零嘴小点心，就像我们人类吃了正餐后想来个甜品或下午时间来杯奶茶。都说甜食能带来幸福满足感，对于猫来讲吃这些小零嘴也是和主人互动、增进情感的环节，同时也能满足饲主对猫的仪式感。这类食物不可完全替代主食，根据猫自身条件控制摄入量和次数，偶尔进食是安全的。即便是休闲食品，也同样要注意营养，针对猫的生理特征，不易导致过敏的低碳水化合物成了猫休闲零食的主要配料。

1. 魔法虾球

注意喂食前把虾尾去除，防止划破喉咙。

> · 配料：虾6只、生鸡胸肉140g、食用油适量、生胡萝卜20g、生西蓝花20g、熟鸡蛋黄2个。

基础营养元素			
能量（kcal）	蛋白质（g）	脂肪（g）	碳水化合物（g）
464.0	54.2	22.2	11.4

制作步骤 --

①虾去虾线、去头、剥皮、留虾尾。

②生鸡肉、胡萝卜、西蓝花放入料理机打碎，再加入适量的食用油、熟鸡蛋黄，搅拌均匀。

③用步骤②的食材将虾包住，露出虾尾，放入烤箱，160℃烤15分钟，烤箱的时间与温度根据虾的大小和包裹食材的厚度做调整。

2. 多味天妇罗 🐾

注意喂食前把虾尾去除，防止划破喉咙。

> ·配料：虾 2 只、鸡胸肉 100g、生南瓜碎 50g、食用油适量。

基础营养元素			
能量（kcal）	蛋白质（g）	脂肪（g）	碳水化合物（g）
229.0	27.0	10.6	6.7

制作步骤 ---

①虾去头、留尾，鸡胸肉放入料理机，打成泥，加适量食用油与鸡肉泥混合，再取适量鸡肉泥包裹整虾。

②生南瓜用刀切碎，将其包裹在鸡肉泥外层。蒸锅加水烧开后，将虾球放入蒸锅，中火蒸 8 分钟出锅。

多味天妇罗

3. 太阳蛋挞 🐾

> · **配料：** 大虾仁 3 个、鸡胸肉 140g、土豆 60g，无糖酸奶、蛋黄液、南瓜丁、蓝莓拌酱、蛋黄粉适量作为装饰。

基础营养元素			
能量（kcal）	蛋白质（g）	脂肪（g）	碳水化合物（g）
331.0	48.4	8.6	15.6

制作步骤 --

食谱 A

①虾仁、土豆、鸡胸肉蒸熟，放入料理机打成泥，蛋挞模具抹油，取适量准备好的食材塞入模具，塑形成一个蛋挞皮的形状，放入烤箱，开 170℃烤 20 分钟。

②直接倒入无糖酸奶、蓝莓拌酱、蛋黄粉装饰即可。

食谱 B

①虾仁、土豆、鸡胸肉蒸熟，放入料理机打成泥，蛋挞模具抹油，取适量准备好的食材塞入模具，塑形成一个蛋挞皮的形状，放入烤箱，开 160℃烤 20 分钟。

②倒入打散的蛋黄液，放入烤箱 160℃烤 5 分钟，烤至蛋黄液上层凝结一层薄膜，放上蒸熟的南瓜丁，再烤 5 分钟即可。

4. 奶酪鸡肉饼干 🐾

这款食谱增加奶酪粒，风味上更受猫喜爱，肥胖的猫需要注意摄入量。

> · 配料：鸡肉 210g、胡萝卜 90g、奶酪粒适量。

基础营养元素			
能量（kcal）	蛋白质（g）	脂肪（g）	碳水化合物（g）
361.0	45.5	14.2	13.7

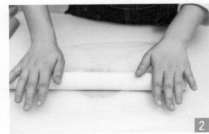

制作步骤 --

①所有材料混合在一起搅碎，将处理好的食材放在两张油纸之间。

②用擀面杖擀成薄饼。

③拿掉上面的油纸，用刀在肉饼上划出想要的饼干大小的划痕，放入烤箱，开 150℃烤 50 分钟到 60 分钟，拿出放凉后按照事先划好的划痕掰成小块即可。

5. 冻干奶条 🐾

　　羊奶的热量和脂肪极高，虽然是零食，但要控制好量，否则容易造成腹泻。酸奶最好选择无糖酸奶，也可以自制无添加酸奶，牛奶通过乳酸菌发酵后，乳糖降解，对于猫来讲是安全的。

> · 配料：羊奶粉 60g、无糖酸奶 18g、冻干肉粒 15g。

基础营养元素			
能量（kcal）	蛋白质（g）	脂肪（g）	碳水化合物（g）
331.0	14.6	16.4	31.5

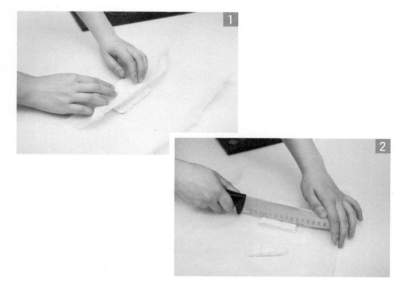

制作步骤 ---

①混合均匀所有食材，用油纸塑成扁的长方形。

②将食材切成条状，风干机开 80℃，进行 20 分钟风干。

冻干奶条

6. 鳕鱼海苔片 🐾

　　鳕鱼富含优质蛋白质，脂肪含量低，肉质鲜美易吸收。海苔热量低，纤维高。这款零嘴对于减肥的猫是很合适的，采购时海苔要选择无盐原味。

> · **配料：** 鳕鱼 200g、鸡胸肉 100g、蛋黄粉 25g、椰子粉 25g、西蓝花 50g、
> 　　海苔适量、奶酪粒适量。

基础营养元素			
能量（kcal）	蛋白质（g）	脂肪（g）	碳水化合物（g）
620.0	71.3	25.7	25.0

制作步骤 ---

①鳕鱼、鸡胸肉切成小块，和椰子粉一起放入料理机搅成泥。

②烤盘上先铺一张油纸，然后放一片海苔。

③将搅好的肉泥均匀地铺在海苔上。

④西蓝花切碎，和蛋黄粉、奶酪粒一起装饰在肉泥上。

⑤放入烤箱，开上下火 120℃烤 30 分钟（烤箱需提前 5 分钟开120℃预热）。

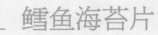

肉肉圈

7. 肉肉圈 🐾

　　这款零食添加了宠物椰子油，其味道清香，对于外用皮肤可以起到消炎作用，没有毒性，猫舔食也极其安全。能够有效平衡肠胃，缓解便秘。宠物花生酱和椰子油都是油脂类产品，注意肥胖猫热量的摄入量。

> ·配料：鸡胸肉 300g、宠物花生酱 10g（或蔬菜粉 5g）、椰子油 10g、打散后的鸡蛋液 50g、羊奶粉 20g、蛋黄粉 10g、新鲜苹果 10g、新鲜柠檬 1/4 个。

基础营养元素			
能量（kcal）	蛋白质（g）	脂肪（g）	碳水化合物（g）
789.0	72.5	45.3	23.5

制作步骤 ------------------------------------

①把鸡胸肉和苹果切成小块（操作中挤入柠檬汁防止苹果氧化），放入料理机搅拌成泥。

②把椰子油、鸡蛋液、羊奶粉、蛋黄粉放入肉泥中搅拌均匀。

③将蔬菜粉或宠物花生酱放入肉泥中搅拌均匀。

④将肉泥装入裱花袋并挤到模具里，放入烤箱，开上下火 90℃烤 30 分钟（烤箱需提前 5 分钟开 90℃预热）。

8. 鲜虾鸡肉班戟

·配料如下。

班戟皮：鸡蛋 2 个、大米粉 35g、玉米淀粉 15g、山药粉 22g、羊奶粉 25g、亚麻籽油 10g、水 140g、角豆粉 3g。

馅料：煮熟的虾 1 个、奶油奶酪 150g、酸奶 90g、熟鸡肉碎 75g。

班戟皮

基础营养元素			
能量（kcal）	蛋白质（g）	脂肪（g）	碳水化合物（g）
605.0	22.8	25.4	71.9

馅料

基础营养元素			
能量（kcal）	蛋白质（g）	脂肪（g）	碳水化合物（g）
676.0	58.9	41.7	16.2

制作步骤

①羊奶粉加进水里搅匀。

原色班戟皮：鸡蛋打散，加入粉类搅匀，加入亚麻籽油，再加入搅匀的羊奶，混合均匀后筛至细腻，即可入锅煎皮。

巧克力色班戟皮：在原色基础上添加角豆粉。

②选择大小合适的平底不粘锅，预热后用汤勺舀一勺面糊，晃动锅子摊匀，开小火煎十几秒，饼可脱锅即可。只需煎单面，煎好的饼皮放在一旁冷却，如此反复至面糊用完。

③用电动打蛋器打发奶油奶酪至絮状，分3次加入酸奶打匀，再加入鸡肉碎打匀，装入裱花袋。

④在饼皮中间铺一层打好的夹馅，放上剥壳的熟虾，再铺一层夹馅，折叠饼皮，折成班戟形状即可。

9. 奶香南瓜布丁 🐾

　　这是一款新手也能轻松上手的小甜点，明胶一定要冷水泡软再使用，采购的时候请选择口碑较好的明胶。南瓜蒸熟容易烂，所以切丁的时候需要有点耐心，落刀要利落，再轻轻混入羊奶中，放入冰箱耐心等待。

> · 配料：羊奶粉 30g、水 120g、生南瓜 150g、明胶一片。

基础营养元素			
能量（kcal）	蛋白质（g）	脂肪（g）	碳水化合物（g）
188.0	6.7	7.7	24.1

制作步骤 --

①南瓜蒸熟，切丁备用。

②明胶冷水泡软备用。

③水中加入羊奶粉，小火煮至边缘起小泡，放入泡软的明胶搅拌至融化，放入蒸熟的南瓜丁，关火，装入容器，冷藏 2 小时。

④倒扣容器脱模，切块装盘即可。

奶香南瓜布丁

10. 牛肉冻糕 🐾

　　食材尽量绞打细腻，呈现罐头啫喱的效果，可采购硅胶模具，方便新手脱模，这个量适合猫聚会时分享。

> ·配料：牛肉 400g、山药 100g、西红柿 50g、西蓝花 50g、
> 　　　 明胶 2 片、水 1500g。

基础营养元素			
能量（kcal）	蛋白质（g）	脂肪（g）	碳水化合物（g）
522.0	92.2	4.0	28.1

制作步骤 --

①把明胶放入冷水中泡软。

②牛肉、山药、西红柿、西蓝花切小块后放入料理机里打碎。

③把打碎的食材倒入锅中炒香，然后加水，煮开后转小火炖煮 10 分钟，然后转大火。

④放凉至 50℃左右（用厨房测量仪），加入提前泡好的明胶并搅拌均匀，然后倒入模具，冷藏保存。

牛肉冻糕

猫 "巧克力"

11. 猫"巧克力"

　　奶油奶酪打开后比较容易腐坏，尽量选择日期较近的，根据制作的量去采购。奶油奶酪口感偏酸，是猫喜欢的味道，同时它的能量不低，肥胖的猫一定要注意摄入量。冻干粒的大小要适合模具，脱模的时候需要小心取出，解冻后尽快食用。

> · 配料：羊奶油奶酪 100g、酸奶 100g、明胶 2 片、
> 　　　　冻干肉粒或鲜肉粒适量、蔬菜粉适量。

基础营养元素			
能量（kcal）	蛋白质（g）	脂肪（g）	碳水化合物（g）
432.0	31.1	26.9	16.2

制作步骤 -

①用电动打蛋器打发羊奶油奶酪至絮状，分次加入酸奶打匀，加入蔬菜粉调到喜欢的颜色。

②明胶放入冷水泡软。

③明胶隔水加热至融化后加入奶酪糊中，混合均匀，在模具中倒至五分满，放入一粒肉粒，再用奶酪糊填满模具。

④模具填满后冷冻保存，冻硬即可脱模（喂食前需常温放置至解冻）。

12. 鸡肉酥皮泡芙

如果你是一名新手，可跳过酥皮，先做泡芙。如果你家猫是个小胖子，馅料可以把奶油奶酪换成鸡肉碎，与酸奶混到湿润状，填充到泡芙内心。

· 配料如下。
酥皮：黄油 40g、羊奶粉 5g、低筋面粉 45g。
馅料：奶油奶酪 150g、酸奶 90g、熟鸡肉碎 45g。
泡芙：低筋面粉 25g、山药粉 10g、大米粉 15g、
　　　羊奶粉 15g、水 65g、黄油 30g、鸡蛋 2 个。

酥皮

基础营养元素			
能量（kcal）	蛋白质（g）	脂肪（g）	碳水化合物（g）
534.0	6.5	41.1	35.6

泡芙

基础营养元素			
能量（kcal）	蛋白质（g）	脂肪（g）	碳水化合物（g）
656.8	21.4	42.5	47.9

馅料

基础营养元素			
能量（kcal）	蛋白质（g）	脂肪（g）	碳水化合物（g）
616.0	49.5	39.9	14.7

制作步骤 --------------------------------------

酥皮

①黄油软化后加入羊奶粉、低筋面粉，拌至细腻、没有粉状即可。

②用保鲜膜根据自己所制作泡芙的大小整形成圆柱形，放冰箱冷藏至结实。

馅料

①将鸡肉蒸熟放入料理机打碎备用。

②奶油奶酪用电动打蛋器搅打顺滑。

③分三次加入酸奶，每次搅打顺滑再加入酸奶。

④加入蒸熟的鸡蛋碎，轻轻混合，装入裱花袋备用。

泡芙

①黄油、羊奶粉、水一起放入锅，开中小火搅拌至黄油融化，注意不要沸腾。

②筛入低筋面粉、大米粉和山药粉，立刻用手动打蛋器迅速搅拌成烫面团，直到锅壁出现凝固物再关火并停止搅拌。

③倒出面团稍稍放凉至温热，将打散的蛋液分次慢慢加入，每一次加入都要充分搅拌，看面糊状态决定加多少蛋液，不一定要全部加完。搅好的面糊状态应是打蛋器提起呈倒立三角，可拉起长尾。

④将面糊装进裱花袋，在铺好油纸的烤盘上挤出自己想要的大小，把冷藏结实的酥皮切薄片放在挤好的泡芙上。

⑤烤箱预热，上火200℃下火160℃，中层烤10分钟后挪至中上层再烤5分钟，可根据自己的烤箱调整时间。将混合好的馅料装入裱花袋，挑选合适的裱花嘴，灌入泡芙即可。

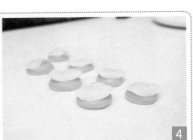

鸡肉酥皮泡芙

鸭肉紫薯比萨

13. 鸭肉紫薯比萨 🐾

　　此款6寸紫薯比萨属于薄底款，如果猫喜欢厚底口感，可选用4寸或喜爱的小模具分批做。每一层食材的叠加顺序并没有特别要求。

> · 配料：紫薯100g、鸭肉140g、黄油15g、培根一片、熟鸡胸肉50g，西蓝花、
> 　　圣女果、虾仁、番茄拌酱、奶酪、鸡肝粉、木鱼花适量作为装饰。

基础营养元素			
能量（kcal）	蛋白质（g）	脂肪（g）	碳水化合物（g）
517.0	40.4	25.2	33.6

制作步骤

① 紫薯、鸭肉蒸熟、压泥，混合黄油，隔着油纸铺在比萨盘上，放入烤箱，开170℃烤20分钟定型。培根泡水，去多余盐分后切成大片。

② 比萨底铺上一层番茄拌酱，熟鸡胸肉撕条铺一层，培根片交替摆放，最上层放虾仁，放入烤箱，开170℃烤15分钟，再撒上奶酪，再烤5分钟观察奶酪融化状态，防止烤焦。

③ 西蓝花焯水后摆放至比萨上装饰，圣女果切丁错开摆放，再撒点鸡肝粉和木鱼花装饰。

14. 抹茶鸡肉蛋糕 🐾

偶尔食用，控制食量。

> · **配料**：熟鸡肉碎 140g、熟土豆泥 60g、奶油奶酪 50g、
> 无糖酸奶 70g、菠菜粉适量。

基础营养元素			
能量（kcal）	蛋白质（g）	脂肪（g）	碳水化合物（g）
446.0	42.9	20.8	22.1

制作步骤 --

①熟土豆泥和熟鸡肉碎混合均匀成团，在模具中压出形状并压
至紧实，在盘子上脱模。

②用电动打蛋器打发奶油奶酪至絮状，分次加入无糖酸奶打匀，
再加入适量菠菜粉调色，淋在肉泥块表面。

③在表面撒上菠菜粉进行装饰。

抹茶鸡肉蛋糕

15. 南瓜乳酪蛋糕

该零食适合新手猫主人制作，是热量较高的食品，适合需要美毛、增肥的猫食用。

> · **配料**：奶油奶酪 100g、无糖酸奶 100g、熟南瓜泥 200g、明胶 3 片、熟鸡肉碎 100g。

基础营养元素			
能量（kcal）	蛋白质（g）	脂肪（g）	碳水化合物（g）
595.0	49.1	31.4	30.5

制作步骤 --------------------------------------

①用电动打蛋器打发奶油奶酪至絮状，分次加入无糖酸奶打匀，再分次加入南瓜泥打匀。

②明胶放入冷水泡软。

③明胶隔水加热至融化，将融化的明胶加入打好的奶酪糊中打匀。

④向模具中倒入一半奶酪糊，冷藏至凝固不流动，铺上一层熟鸡肉碎，再倒入奶酪糊填满模具，轻震模具，震出气泡后冷冻，冻硬即可脱模（喂食前需常温放置至解冻）。

南瓜乳酪蛋糕 一

16. 开心布朗尼 🐾🐾

烤过的布朗尼外层会偏硬，喂食的时候切小块。

> · 配料：鸡肉70g、鸡心40g、牛肉80g、土豆80g、鸡蛋1个，鸡蛋拌酱适量，
> 木鱼花、海苔碎、鸡肝粉、蛋黄粉、枸杞适量作为装饰。

基础营养元素			
能量（kcal）	蛋白质（g）	脂肪（g）	碳水化合物（g）
319.0	44.4	13.3	5.3

制作步骤

①烤箱开160℃预热10分钟，鸡肉蒸熟后部分切丁、部分撕条。把牛肉、鸡心、土豆、鸡蛋混合放入料理机一起打碎，再加入熟鸡肉丁混合，在蛋糕模具内抹油（耐高温纸质模具可忽略此步骤），装入准备好的食材后放入烤箱，开160℃烤20分钟。

②鸡蛋拌酱淋面，鸡肉条混合鸡蛋拌酱捏成肉球，摆在蛋糕体上。

③放上木鱼花、海苔碎、鸡肝粉、蛋黄粉、枸杞等作为装饰。

17. 生日蛋糕 🐾

制作完成尽快让猫享用，因为无添加，食材因水分流失，导致爆浆部分凝固。

> · 配料：鸡肉 160g、鸡肝 1 个、土豆 90g、啤酒酵母 5g、鸡蛋 1 个、秋葵 1 根。

基础营养元素			
能量（kcal）	蛋白质（g）	脂肪（g）	碳水化合物（g）
376.0	42.1	13.3	22.5

制作步骤

①烤箱开 160℃预热 10 分钟，鸡肉、土豆、鸡蛋、啤酒酵母一起搅拌，鸡肝煮熟切碎备用。

②将处理好的肉泥等量装入 3 个 4 寸模具，放入烤箱开 160℃烤 20 分钟，烤出 3 片蛋糕胚。

③用3寸的慕斯圈刻出蛋糕胚。

④多余的肉馅混合鸡蛋拌酱搅拌成厚糊状，把3块蛋糕胚黏合固定。

⑤用透明慕斯圈围紧蛋糕胚，用玻璃胶固定。

⑥在蛋糕胚顶部倒入鸡蛋拌酱。

⑦将装饰丝带固定在鸡蛋酱和蛋糕胚的接缝处，用玻璃胶固定。

⑧铺上鸡肝碎，放上焯水切片后的秋葵装饰（也可以选猫喜欢的零食做装饰），蜡烛、插牌。

为猫猫生日蛋糕加点装饰

> · 配料：熟鸡肉泥 30g、熟土豆泥 20g、蔬菜粉适量。

基础营养元素			
能量（kcal）	蛋白质（g）	脂肪（g）	碳水化合物（g）
55.0	6.2	1.5	4.2

制作步骤 ------------------------------------

①将熟鸡肉泥和熟土豆泥混合，塑成球形。

②表面撒上蔬菜粉调色备用。

附录1 关于为猫制作饭食的问答

你们知道吗，给猫做饭有时候会有争议？有的人认为猫是纯肉食的动物，只用吃肉就可以了，不需要"做饭"；有的人认为猫有专业的猫粮，只用吃猫粮就可以了，不需要"做饭"。是这样吗？针对大家经常问到的问题，现在来回答大家的疑问。

Q：猫吃养猫人做的饭食会不会导致口腔、牙齿不健康？

A：不存在这个问题。猫的口腔、牙齿健康只靠"吃什么"是很难达到理想效果的，要保证猫的口腔、牙齿健康还是要像人一样——刷牙。

Q：给家里的猫吃自己制作的猫饭食和喂食干粮有冲突吗？

A：没有冲突。猫的干粮属于全价营养的宠物食品种类。猫食物的种类有很多，包括干粮、湿粮、零食等，自己制作的猫饭食可以作为猫食物中的一种。此外，本书里的所有食谱都是根据猫的营养需求科学计算过的。

Q：猫对做的饭食不爱吃怎么办？

A：专业上把猫"爱吃""不爱吃"称为"适口性"。影响猫"适口性"的原因有很多，猫因为它们的独特生理特性，"适口性"存在"众口难调"的问题。这时候就需要有一些耐心，可以尝试着换几种食谱做给猫，看猫爱吃哪一种。

Q：多大的猫可以给它喂自己制作的猫饭食？

A：所有的猫都可以吃。无论是已经12个月以上的成年猫，还是12个月内断奶后的幼猫，给它们吃一些食谱中建议的高蛋白、易吸收、低碳水化合物的猫饭食会更有助于猫的身体健康。

Q：本书里食谱中的食材可以更换吗？

A：不建议在没有专业宠物营养师的指导下擅自更换食谱中的食材。本书里的所有猫饭食食谱，都是由PKC宠知事学院的专业宠物营养师、专业宠物营养教学导师设计出来的，并且由科学的营养计算软件完成营养数据、营养结构的复核计算，每一种食材都是精挑细选且符合猫健康、营养需求的。没有经过专业的计算就随意变更食材，会让整个饭食营养结构发生变化。

附录2 关于猫饮食的几个说法

猫可以吃餐桌食物

很多猫主人喜欢给猫喂食一些餐桌食物，并且认为喂食的量不多，不会有太大的健康风险。实际上，人类的饮食结构和猫的饮食结构差别很大，请不要喂食餐桌食物。但是，仍然有的养猫人为了表达对猫的情感而这么做。如果养猫人坚持喂食，要仔细监测它们的状态，观察猫的粪便状况，避免猫出现肠胃不适应和腹泻，同时尽可能保证喂食的餐桌食物量不超过猫每日摄入总量的5%。

猫爱吃鱼

人们对猫采食适口性进行了研究，经多年的动物实验和观察，得出：对于鱼肉，猫没有特别的爱好；与其他众多类型的肉类相比，猫的喜爱程度是一样的，有的甚至更偏爱其他肉类一些。而且，这个世界上有相当比例的猫不爱吃鱼。不仅"有一些猫不喜欢吃鱼"，更为严重的是，猫只吃鱼有害身体健康。在对猫的研究过程中发现，猫和狗不同，猫并不能把 β - 胡萝卜素转化为猫自身需要的维生素 A，所以，猫就必须要通过吃其他食物来满足营养需要，如各类肝脏、鸡蛋、豆类、谷物等。但是，猫吃多了维生素 A 也会出问题。专业的宠物营养知识告诉我们，在宠物食品中，当维生素 A 超过 2mg/kg（幼猫）或 1mg/kg（成年猫）时就是吃多了。过量的维生素 A 在猫的小肠中没有办法吸收，会产生毒性，最终导致猫维生素 A 中毒。如果猫长期只吃鱼，就会因为鱼肉里的维生素 A 而中毒，这就是猫只吃鱼可能带来的健康危害之一。除此以外，同样作为脂溶性维生素的维生素 K 对猫的身体健康也有着重要的影响。一般情况下，猫不会发生维生素 K 缺少的情况，不过长期单一地吃鱼罐头，有可能会出现维生素 K 缺乏的状况。主要的表现就是猫得上了胃溃疡，因为鱼罐头中含有影响维生素 K 吸收的成分，这就是猫只吃鱼可能带来的健康危害之二。猫只吃鱼可能带来的健康危害之三是猫对维生素 B_1 是离不开的。缺少维生素 B_1 对猫身体健康的危害非常巨大，所以在猫的食物中一定要提供充分的维生素 B_1。但是，有些肉类当中，如某些鱼类，含有破坏维生素 B_1、抗维生素 B_1 活性成分的酶，由此会导致猫对维生素 B_1 的需求量增加，如果只吃鱼肉而不对维生素 B_1 进行额外的补充，就会出现维生素 B_1 缺乏。

由此看来，猫爱吃鱼和只给猫喂鱼吃都是不科学的。

猫可以喝牛奶

猫很喜欢牛奶的味道。对于猫来说，虽然牛奶中含有的蛋白质、钙、磷都是猫主要的营养来源，但是牛奶中的乳糖需要乳糖酶在肠道中分解。随着小猫长大，肠道里的乳糖酶会逐渐减少和活性下降，导致猫不能够完全消化牛奶，所以很多猫喝了牛奶会出现乳糖不耐受，出现腹泻、呕吐等情况。建议在猫饭食中选择奶酪、酸奶、舒化奶等乳糖含量低的乳制品作为食材。

猫食物里不能有任何添加剂

一些猫食品宣传自己"未添加任何防腐剂"或者"不含有任何抗氧化剂"等，警告说猫不能吃"防腐剂""抗氧化剂"。这其实是对"防腐剂""抗氧化剂"的歪曲理解。说"不含有什么什么"，实际上是对这类成分的一种否定，言下之意就是"防腐剂"不好、"抗氧化剂"不好。事实上并非如此，"防腐剂"并无过错，错误地添加、滥用，或者不按照法律法规的计量超量添加才是错！另外，这也是对防腐剂、抗氧化剂的片面理解。科学合理地添加防腐剂、抗氧化剂，有利无害。而且，恰恰是科学合理地添加防腐剂、抗氧化剂才能够确保猫的食品安全，还能够保证营养成分的有效性，以及良好的适口性。

猫不能吃含有"卡拉胶"的罐头

猫罐头因为有"卡拉胶"是不是就不能给猫喂了？答案是不要因为猫罐头可能含有的卡拉胶就放弃喂罐头，只选择喂干粮给猫吃。专业的宠物营养师还是建议让猫尽可能多地吃一些低碳水化合物、水分含量多一些的食物。

卡拉胶这个东西，猫到底能不能吃呢？卡拉胶是一种食品添加剂，一般从各种海藻中提取而来。应该说，只要是按照食品添加剂添加标准限量的要求，合理、适量地添加，是允许的。卡拉胶在食品工业里普遍用作增稠剂，不仅仅在猫的罐头里，我们人吃的冰激凌、果冻里往往都会含有一些。而且，卡拉胶也出现在《饲料添加剂品种目录（2013）》（农业部公告第 2045 号）里，属于"黏结剂、抗结块剂、稳定剂和乳化剂"这一类别，也明确地表明了适用于"宠物"的范围，这说明卡拉胶添加在宠物食品中是符合我国的饲料法规的。

虽然我们说卡拉胶符合宠物饲料的法规规定，但卡拉胶本身对猫的健康到底有没有害呢？客观地说，这个答案目前还说不清，既不能说卡拉胶对猫就一定有害，也不能说对猫就没有任何健康风险。卡拉胶被质疑也是有一些道理的，因为有数据显示卡拉胶会降低动物的免疫力，容易诱发炎症等问题。

所以，建议各位养猫人，如果能选择不含有卡拉胶的猫罐头，当然是最好的。但目前很多猫罐头，为了满足罐头食品的特性，会在允许的范围内添加一些卡拉胶，如果选择的猫罐头里含有卡拉胶也不需要恐惧，是能够喂食的。

猫吃草就是生病了

一些养猫人反映，有的猫喜欢吃草，认为猫吃草就是因为缺乏某种营养元素。不排除有的猫吃草的原因之一是用草来弥补某种或某些微量营养元素的缺乏。宠物营养和宠物行为学中有一种说法——"让它们不吃的方法就是让它吃够"，如果发现猫比较爱吃草，这个时候主人可以主动在它们的食物中添加一些类似的东西，如菠菜、胡萝卜、绿叶菜、西蓝花等。可以把这些"草"蒸煮、消毒、切碎，或者打成泥搅和在饭食中。喜欢吃草的猫，普遍也会对"草香味"感兴趣，所以这样还可以提高它们的采食兴趣，也便于消化。更多的猫是出于对吐毛球的需要，所以可以喂食一些专门的猫草帮助它们。

猫可以素食喂养

为什么不建议进行纯素食喂养？猫对营养的需求有别于狗，在猫的饮食结构里，一定要含有相当比例的肉来满足猫的营养需要。有些营养成分猫非常需要，但是植物性原料并不能满足，如牛磺酸、花生四烯酸，这些都需要靠吃肉才能够获取。

患有慢性肠炎的猫要低蛋白喂养

患有慢性肠炎的猫要低蛋白喂养，这种说法是不正确的。猫因患有慢性肠炎反复呕吐该怎么办？先判断一下，是不是家里的猫真的得了慢性肠炎。如果猫真的有慢性肠炎，一般会表现出食欲不振、长期拉稀、长期反复呕吐、营养吸收不良、身体消瘦。如果有这些情况，应尽快到宠物医院就诊。猫的慢性肠炎是肠黏膜的慢性炎症，引起的病因不明确，与很多因素相关，遗传、小肠内细菌过度增殖、继发性维生素 B_{12} 缺乏等都有可能使猫患慢性肠炎，而且老年的猫更多见一些。

猫患了慢性肠炎该怎么吃？在饮食上要注意些什么呢？专业的宠物营养师推荐"两高两低"和"一大一小"的饮食原则。怎么理解呢？"两高"是指高蛋白和高消化吸收率，可以通过喂食单一肉类，或者是肉类具有更高比例的猫粮、猫罐头。在食品的形态上，更推荐猫湿粮、猫鲜食等形式。"两低"就是指"低碳水化合物"和"低易过敏食物"，说白了就是更少的植物类、淀粉类的猫粮、猫罐头。另外一个推荐原则就是"一大一小"饮食原则。"大"是指大力补充益生菌，益生菌有助于这类猫消化食物；"小"是指小分子，选用那些肉类成分通过水解、酶解等工艺，把大分子的氨基酸变成小分子的多肽的猫粮，让猫更容易吸收。

猫减肥要吃营养低的食物

肥胖或超重正在成为猫最大的健康威胁。据统计，美国57%的狗和44%以上的猫体重超重。肥胖已经成为宠物的一种严重的流行病。2007—2012年，肥胖猫数量增长了90%，无论是"超重"还是"肥胖"，都是"理想体型"之外的亚健康体型。而且，中老龄猫发生肥胖的概率超过年轻猫。肥胖会引起一系列的健康问题，如骨骼疾病、关节炎、糖尿病、呼吸系统和消化系统疾病等。导致体重超重、肥胖的原因有很多，这其中不乏饮食健康、宠物食品方面等因素。

猫有一种天生的代谢能力，可以很容易地将蛋白质（氨基酸）作为能源。猫的肝葡萄糖激酶水平通常低于杂食性的狗，而且转氨酶和脱氨酶水平较高，即使在蛋白质摄入量减少的情况下，这些酶也不会降低。因此，猫对蛋白质的需求更高，新陈代谢的目的是将蛋白质转化为能量。根据目前对于猫营养的研究，猫的食物中52%的能量由蛋白质提供，46%来自脂肪。猫有不停代谢蛋白质的能力，为了保证正常的肌肉组织形态，猫需要充足的蛋白质维持身体肌肉组织。蛋白质是减肥猫粮关键营养物质之一。

当猫摄入的食物里的蛋白质水平低下时，就将消耗自己的肌肉组织，从而导致基础新陈代谢下降。可能有一种观点认为，既然是减肥，就应该"降低食物中的蛋白质水平"，事实上恰恰相反，提高蛋白质水平和氨基酸水平有利于减肥，所以猫粮中的蛋白质一定要保证在一定的水平。对于减肥猫粮的蛋白质水平要求，建议应至少含有大于35%、小于等于55%的粗蛋白；预防猫体重反弹的功能猫粮的蛋白质水平也应该在35%以上，越高越好。

最大限度的低碳水化合物和低脂肪。因为猫粮的工艺需要，需要加入一定比例的碳水化合物，才能够让猫粮"膨化"。一般的猫干粮的碳水化合物高达30%~40%，甚至更多，主要由植物蛋白、淀粉等成分提供。碳水化合物可以在猫的体内直接转化为脂肪，而且也会导致蛋白质摄入降低，也就是说，高碳水化合物和猫的肥胖有直接的关系。减肥猫粮就需要在碳水化合物方面进行调整。在猫食物中，应尽可能选择肉类作为蛋白质来源，或者建议选择以肉为主要食材，或者选择具有全价均衡营养的猫主食罐头，这类猫主食罐头的碳水化合物含量会明显低于干粮。有一些减肥猫粮仅仅是满足了"低碳水化合物、低脂肪、高纤维"，但是没有做到"高蛋白质水平"，并不能达到长期有效的减肥效果。如果出现肌肉萎缩，反而会引发新一轮的肥胖。以前因为猫膨化粮的工艺要求限制，不得不降低猫粮中的肉含量，不过因为现在猫粮技术的发展，肉含量70%~80%甚至更高的膨化猫粮也能实现。这样一来，"20%以下的碳水化合物，越低越好，甚至趋于0碳水化合物"的猫干粮成为减肥猫粮的可能成为现实。

另外，可以在减肥猫粮、猫罐头和猫减肥的饭食配方里添加左旋肉碱。左旋肉碱是氨基酸的衍生物，在细胞中普遍存在。在对猫的减肥食物研究中，科学证实左旋肉碱对猫的减肥效果是明显的、安全的。在PKC宠知事学院"全国宠物营养师培训班"的学习里，我们了解到，在动物细胞中，产生能量的场所是线粒体，左旋肉碱将长链脂肪酸搬运到线粒体中燃烧产生能量。在多项关于猫食物中添加左旋肉碱的实验中，经过添加左旋肉碱和未添加左旋肉碱的粮食饲喂对比，证实左旋肉碱作为一种功能型减肥猫粮、减肥保健品是有效的。同时，在猫饭食、猫粮、猫罐头中所选择的牛肉、羊肉中都含有丰富的左旋肉碱，其他食物中也能够提供一定量的左旋肉碱。维生素E和维生素C在减肥猫饭食、猫粮中作为一种抗氧化剂。抗氧化剂一直因其能提高免疫力、清除自由基为人熟知，在减肥功能的猫饭食、猫粮中，抗氧化剂的减肥作用谈得不多。肥胖会加重氧化应激，这也可能会导致与肥胖相关的疾病，经过对宠物的研究，补充抗氧化剂有助于减轻氧化应激。

猫的食物中不能有盐

猫不可以吃盐，这个说法是不正确的。其实，从来就没有一个结论说过，猫不能吃食盐。在猫的干粮中，食盐至少可以占1%。无论是我国的猫宠物食品标准GB/T 31217—2014、美国的AAFCO标准，还是欧洲的FEDIAF（欧盟标准），对"钠""氯""水溶性氯化物（以Cl^-计）"的约定都是"不能低于"，而不是"不能高于"。这就告诉大家，对于宠物猫来说，盐必须要吃。

猫食物里的"好蛋白"就是"高蛋白"

首先强调的是"好的蛋白质来源"。猫是典型的肉食动物，近几十年来过高的淀粉、碳水化合物摄入给猫带来的健康威胁逐步暴露出高碳水化合物的弊端。因此，更应该在猫粮的"蛋白质来源"上突出"肉"的占比，降低淀粉、糖含量，减少碳水化合物的摄入，这将成为猫饮食的主要方向，让猫尽可能地回归到"食肉"的本性上来。

猫会因维生素 K 缺乏或过量中毒

有一种说法，猫吃猫粮会因维生素 K 缺乏或过量而导致很多健康问题，严重的还会死亡。先明确回答，AAFCO 标准清楚地说明了"以干物质计算，除非猫粮中含有 25% 以上的鱼类成分，否则没有必要添加维生素 K"。也就是说，只有当家里的猫把纯鱼肉当饭吃，或者吃的粮食里鱼肉、鱼油成分占 25% 以上的时候，才有必要额外补充维生素 K，否则猫粮里的营养成分已经能够满足猫的日常需要了，不需要额外添加。

维生素 K 由一类在 3 位上具有或不具有萜类化合物的萘醌组成，未取代式就是甲萘醌，是一个总称。维生素 K_1 又称作叶绿醌，主要来源于植物，菠菜、花菜、卷心菜里的含量都特别高。维生素 K_2 主要是肠道菌群合成的产物。还有两种是人工合成的具有维生素 K 活性的物质——亚硫酸氢钠甲萘醌（就是我们常说的维生素 K_3，也是常常被添加到养殖动物饲料中的）和维生素 K_4。

那猫到底会不会缺乏维生素 K 呢？有必要额外添加维生素 K 在猫粮、猫饭食里吗？额外给猫补充维生素 K 会不会过量导致猫中毒呢？有临床记载，患有肠炎、肝脏疾病的猫，有的是因对脂肪类物质的吸收障碍而出现维生素 K 的缺乏。对于健康的猫，正常选择全价营养主粮，维生素 K 缺乏比较罕见。

猫所需要的大多数维生素 K 是由肠道系统中的细菌制造并在肠道中吸收的，所以饮食中的需求很小。只吃含有大量鱼肉、鱼油食物的猫，可能会出现维生素 K 缺乏的问题。因为现在鱼肉甚至是纯鱼肉主食罐头在宠物食品中越来越广泛，所以额外补充维生素 K 成了一个必须重视的问题。

总的来说，猫所需的维生素 K 仍然非常少，没有必要对含有 25% 以内鱼肉成分的粮食、罐头做额外补充。如果我们看到猫粮里含有维生素 K，也不用担心，有结论显示，维生素 K_1 用于猫粮是"公认安全"的；也有动物实验证明，没有任何数据显示出动物对维生素 K_1 中毒的现象。

特别感谢 🐾

从事宠物营养、宠物食品技术工作近20年，接触了无数热爱宠物的主人和同行，多次被问及，有没有我们国内宠物营养师创作的、关于猫咪饭食的原创书籍。这次由衷地感谢人民邮电出版社的约稿。得益于编辑对书籍、书稿的严格要求、严谨态度，才有了今天这本《猫猫饭食教科书》。

在宠物行业里的这些年，得到了PKC宠知事学院众多老师、同学和行业同仁的支持与帮助。这本书的拍摄场地选择了我们PKC宠物美食班讲师杨小倩老师的"宠逸舍"宠物生活馆，那里环境优美，有非常完备的宠物美食烹饪设备，烤箱、蒸煮锅、操作间一应俱全，因为这些，本书中的食谱图片才得以顺利拍摄。摄影方面，我们请来了行业著名的专业宠物拍摄机构——英宠摄影。书中的每一个食谱都是专业的宠物美食摄影师完成，为本书增色良多。特别值得一提的，是为了本书付出辛勤劳动的谭坤兰老师，没有谭老师不厌其烦地督促、跟进每一个细节，这本书恐怕不会如此顺利地完稿。感谢整个书籍食谱制作、烹饪的冉关平老师、宫卿老师、董新慧老师、刘念老师、卢平老师等，另外也十分感谢吴惠珍老师和胡先生。胡先生是一位著名的摄影师，书中的美食食材照片多出自胡先生之手。感谢于卉泉博士团队的成员给这本书出谋划策。同时，为了确保书中内容的严谨性，我也请了在猫营养、猫美容、猫行为、猫洗护领域颇有造诣的王屹强老师、刘沅老师、刘婷婷老师、田媛元老师、刘益臣老师、郑广胜老师等担任本书中猫知识的顾问，为这本书的科学性把关。

此外，由衷地感谢给予这本书赞助的企业组织，因为企业的慷慨解囊，才让我的很多理想变成了现实（以下排名不分先后）：味它宠物食品、豆柴宠物食品、伯纳天纯宠物食品、山东派克宠物食品、道科包装、西安天下无双——舒可达宠物营养剂、盘宠宠物食品、太阳家天然宠物零食、萌宗宠物食品、山东汇聚宠物食品、仕爵宠物食品、比乐宠物食品、佳诺佳宠物食品、科乐宠物食品、上海交通大学农业与生物学院培训中心、PKC宠知事学院等单位。特别感谢以上组织给本书的大力支持以及宠物行业、社会媒体对本书的宣传和推广。

最后，重点感谢所有选择本书的读者，有了广大读者的支持与分享，才能够让书中的知识、猫咪的健康理念得以广泛推广，从而让更多猫咪得到长久健康的呵护。

王天飞

2020.11.25